楚雄师范学院专业办学与应用型转型发展改革成果系列

电机变压器实验实训指导

主　编　王新春
副主编　肖丽仙　自兴发　程　满
参　编　岳开华　林　泉　何京鸿
　　　　李世荣　叶　青　尹德都

西南交通大学出版社
·成　都·

图书在版编目（CIP）数据

电机变压器实验实训指导 / 王新春主编. -- 成都：西南交通大学出版社，2024.8. -- ISBN 978-7-5774-0019-8

Ⅰ. TM4-33

中国国家版本馆 CIP 数据核字第 2024QX2048 号

Dianji Bianyaqi Shiyan Shixun Zhidao
电机变压器实验实训指导

主　编 / 王新春

策划编辑 / 李晓辉
责任编辑 / 李晓辉
封面设计 / 墨创文化

西南交通大学出版社出版发行
（四川省成都市金牛区二环路北一段 111 号西南交通大学创新大厦 21 楼　610031）
营销部电话：028-87600564　　028-87600533
网址：http://www.xnjdcbs.com
印刷：成都市新都华兴印务有限公司

成品尺寸　185 mm×260 mm
印张　10　字数　227 千
版次　2024 年 8 月第 1 版　印次　2024 年 8 月第 1 次

书号　ISBN 978-7-5774-0019-8
定价　35.00 元

课件咨询电话：028-81435775
图书如有印装质量问题　本社负责退换

版权所有　盗版必究　举报电话：028-87600562

前言
PREFACE

根据楚雄师范学院专业办学与应用型转型发展要求，结合本科学分制改革的需要，物理与电子科学学院修订了本科人才培养方案。如何将本科应用型人才培养方案落到实处，涉及师资队伍建设、实践教学平台建设，以及课程建设、教材建设等诸多方面。本书在这样的背景下编写而成，努力突出应用与实践，体现产教融合特征，凸显课程的基础性、综合性、实践性、适应性和前瞻性。

本书从架构上划分为三个部分。第一部分为"基础篇：基础理论认知"；第二部分为"实践篇：实验实训项目"，共计开发出24个实验实训项目，可根据课程计划学时数选择开出一部分项目；第三部分为"附录：实践创新科技小论文"，选登了往届实践创新科技小论文作为参考，旨在强化学生学术创新能力。此架构是为了更好反映学校"8+2实践教学模式"探索成果。具体来讲，就是把教学过程与考核划分为四个模块，第一个模块为学生考勤、电机变压器原理的读书笔记、实验实训操作打分，占20%；第二个模块为实验实训报告，占20%；第三个模块为期末考试（或考查），占40%；第四个模块为实践创新科技小论文，占20%。其中，"8"是指课程教学过程与考核占比80%，"2"是指创新实践科技小论文占比20%。

本书特色与创新之处在于：

（1）从内容看，变革"电机变压器原理与维修"的教学模式，以实验项目的方式开展教学，将所开发的部分实验实训项目在教学班级中实践应用，并分析应用结果。

（2）从教学目标看，把原来"电机变压器原理与维修"的"纯理论教学模式"或"理论含实验教学模式"，变革为以实验实训项目为主的"纯实验实训教学模式"，强化专业的职业技能训练与专业的职业能力培养。

（3）从解决教学问题看，以完成每一个"实验实训项目（软、硬件实验实训）"具体的"实验实训目的""实验实训仪器""实验实训原理""实验实训内容""想一想"等关键要素为主线，在教师引导下，学生团队自己拟定具体内容，有针对性开展实验实训、实践创新。

（4）从教材成果主要特色看，进一步加强学生实践动手能力的培养，工程实践能力的锻炼，使学生能较好适应职业岗位的客观需求。

本书由楚雄师范学院王新春教授担任主编，由肖丽仙教授、自兴发教授、程满副教授担任副主编。在图书编写过程中，参考了一些既有成果，在此向各位作者表示感谢。本书受楚雄师范学院培育学科（校级 B 类学科：电气工程）项目资助。

由于编者水平有限，书中不妥之处在所难免，敬请读者批评指正，以利于我们进一步修正。

编 者

2024 年 2 月

目录 CONTENTS

基础篇　基础理论认知 ······001

第一节　三相电源和工业企业配电 ······001
第二节　三相交流异步电动机 ······003
第三节　继电接触控制 ······004
第四节　电气控制的基本线路 ······019
第五节　电气图的常用符号 ······024
第六节　电机基础知识 ······027
第七节　变压器基础知识 ······043

实践篇　实验实训项目 ······049

实验实训 1　单相变压器参数的检测与极性判别 ······049
实验实训 2　小型单相变压器的检测与拆装重绕 ······053
实验实训 3　三相变压器参数的检测与极性判别 ······056
实验实训 4　自耦变压器的拆装检测及维护 ······060
实验实训 5　弧焊机的拆装检测及使用维护 ······064
实验实训 6　三相异步电动机的拆装检测及运行 ······068
实验实训 7　单相异步电动机的检测及正反转运行 ······072
实验实训 8　户用型电气原理电路分析及 CAD 设计 ······075
实验实训 9　户用型电气原理电路系统的模拟与实现 ······077
实验实训 10　电机降压启动控制原理分析及 CAD 设计 ······079
实验实训 11　电机降压启动控制系统的模拟与实现 ······081
实验实训 12　电机双速控制电路原理分析及 CAD 设计 ······084
实验实训 13　电机双速控制系统的模拟与实现 ······086
实验实训 14　可逆启动且带直流能耗制动的电路分析及 CAD 设计 ······089
实验实训 15　互投电源电路原理分析及 CAD 设计 ······092
实验实训 16　三相异步电动机的选用与检修 ······096

实验实训 17　单相异步电动机的维护与检修 ………………………………………… 102

实验实训 18　直流电动机的拆装火花等级鉴别和电刷中性线几何位置调整 …… 107

实验实训 19　PLC 实现三相异步电动机运行控制 ……………………………………… 114

实验实训 20　PLC 实现液体自动混合装置控制 ………………………………………… 118

实验实训 21　电网变压器事故处理 ……………………………………………………… 121

实验实训 22　电网频率降低原因分析与事故处理 ……………………………………… 126

实验实训 23　配电线路事故处理 ………………………………………………………… 129

实验实训 24　母线事故处理 ……………………………………………………………… 133

附　录　实践创新科技小论文 ……………………………………………………… 135

用 SPSS 标定差分比例运放电路的放大倍数 ………………………………………… 135

数控可调直流稳压电源设计与实现 …………………………………………………… 142

参考文献 ………………………………………………………………………………… 154

基础篇　基础理论认知

第一节　三相电源和工业企业配电

一、三相电源

能够产生幅值相等、频率相等、相位互差120°电动势的发电机称为三相交流发电机。U、V、W称为三相，相线（俗称火线）与相线之间的电压被称为线电压，相线与中性线（俗称零线）之间的电压称为相电压。以三相发电机作为电源，称为三相电源；以三相电源供电的电路，称为三相电路。工业设备许多地方采用三相供电，如三相交流电动机等；其被分为A相、B相、C相，线路上用L1、L2、L3来表示。三相电的颜色：A相为黄色，B相为绿色，C相为红色。在低压配电系统中，线电压是380 V，相电压是220 V。

二、供电系统概述

电能具有转换容易、输送经济、控制方便等优点，广泛应用于人类生产生活的诸多领域。生产用电是由发电厂生产的，电能需经升压变电所提升电压至几百千伏（如110～200 kV），由高压输电线输送到用电地区，再经变电所降压后分配到用户。电力系统是由发电厂、变电所输电线、配电网以及用户所组成的发、供、用的一个整体。

电力网是连接发电厂和用户的中间环节，是传送并分配电能的装置。电力网由不同电压等级的输配电线路和变电所组成，按其功能常分为输电网和配电网两大类。输电网由35 kV及以上的输电线路和与其相连接的变电所组成，是电力系统的主要网络，其作用是将电能输送到各地区的配电网或直接送给大型企业用户。配电网由10 kV及以下的配电线路和配电变压器组成，其作用是将电能送至各类用户。

变电所由电力变压器、室内外配电装置以及继电保护、自动装置、监控系统构成，有升压与降压之分。升压变电所通常与大型发电厂结合在一起，在发电厂电气部分中装有升压变压器，把发电厂的电压升高，通过高压输电网络将电能送向远方，降压变电所设在用电中心，将高压适当降压后，向该地区用户供电。因供电的范围不同，变电所可分为一次（枢纽）变电所和二次变电所。工厂企业的变电所可分为总降压变电所（中央变电所）和车间变电所。车间变电所从总降压变电所引出的 6～10 kV 厂区高压配电线路受电，将电压降至低压 380/220 V 对各用电设备直接供电。

三、低压配电线路及施工工地配电

低压配电线路是指经配电变压器，将高压 10 kV 降低到 380/220 V 等级的线路，也就是从变电所到设备终端的低压线路。低压配电线路在设计变电所接线方式时，就应该加以考虑了。工厂里对一些用电量较大的车间，还应设置车间变压所，由变压器对各用电设备进行供电，而对用电量较小的车间，就由配电变压器直接供电。

1. 低压配电方式

低压配电线路根据负荷的类别、大小、分布情况及负载的性质，进行设计布局，一般有放射式和树干式两种配电方式，如图 1 所示。放射式线路可靠性好，但投资费用高，故现在低压配电接线常用树干式，可获得充分的灵活性（当生产技术改变时，配电线路也不必进行较大的变动），因此树干式配电方式的费用较低廉。当然从供电的可靠性而言，它不及放射式。

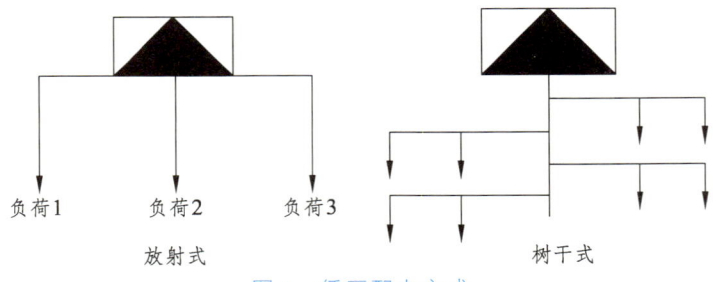

图 1 低压配电方式

2. 低压配电线路种类

低压配电线路有两种安装方法：电缆敷设法和架空线敷设法。电缆线路因在地下敷设，所以对外界的大风、结冰等自然影响很小，而且地面上不露电线，从而美化了环境，但是电缆线路的投资费用较高，检修较困难。架空线路刚好相反。所以对于一般无特殊要求的场所，低压配线都采用架空线路敷设法。

低压架空线路一般是用木杆或水泥杆制成电线杆，用瓷瓶把导线固定在电杆的横担上。两根电线杆间的距离在院内约为 30～40 m，而在空旷的地带可达 40～50 m，导线之间的距离为 40～60 cm，线路的架设尽可能短捷，同时要考虑架设与维护检修的方便。

3. 施工配电

建筑工地的用电设备情况与一般工矿企业有所不同，工地用电的大小及负载的性质，是随工程进度而变化的。例如，施工初期主要设备是各种拖动运输机械，而在其他工期则可能主要为焊机等。因此施工现场要按照最大一期工程的计算负荷来确定工地的用电量。工地供电属于临时性设施，一切电气设备必须具有能够迅速安装拆卸的特点。工地变电所也宜采用杆上变压器式的露天变电所，接线方式多采用树干式的架空线路。架设线路时必须注意不得妨碍交通，并要便于架设和拆除。对于地下工程或隧道等建筑施工现场，由于空间有限，供电线路的高度不能按地面施工的要求架设，在这种情况下的照明线路均采用 36 V 以下的安全电压；而对动力负载为 380/220 V 的供电线路，应采用具有良好绝缘性和防潮的三相四芯电缆软线，且应随施工进度拉设电缆，不用时随时拆除接线端，以确保施工的安全。配电线路对地距离等相关规定见表1。

配电线路不应跨越屋顶和易燃材料做成的建筑物，也不宜跨越耐火屋顶的建筑物，否则应与有关单位协商。导线与建设物的垂直距离，在最大弛度时，1~10 kV 线路不应小于 3 m；1 kV 以下线路不应小于 2.5 m。配电线与弱电线相遇时，配电线路应架设在弱电线路上方，与弱电线路的垂直距离，在最大弛度下，1~10 kV 时，不应小于 2 m，1 kV 以下时不应小于 1 m。

表 1 配电线路对地距离

线路经过区域	配电线路对地距离/m	
	线路电压 1 kV 以下	线路电压 4~10 kV
居民区	6	6.5
非居民区	5	5.5
交通困难地区	4	4.5

第二节　三相交流异步电动机

三相交流异步电动机主要由定子、转子和它们之间的气隙构成。定子绕组接通三相交流电源后，产生旋转磁场并切割转子，获得转矩。三相交流异步电动机具有结构简单、运行可靠、价格便宜、过载能力强及使用、安装、维护方便等优点，应用广泛。

一、基本结构

三相异步电动机主要由定子和转子构成，如图2所示。定子是静止不动的部分，转子是旋转部分，在定子与转子之间有一定的气隙。定子由铁芯、绕组与机座三部分组成。转子由铁芯与绕组组成，转子绕组有鼠笼式和线绕式两种。鼠笼式转子是在转子铁芯槽里插入铜条，再将全部铜条两端焊在两个铜端环上而成的；线绕式转子绕组与定子绕组一样，由线圈组成绕组放入转子铁芯槽里。这两种电动机结构不同，但工作原理一样。

图 2　三相交流异步电动机的结构

二、工作原理

如图 3 所示，当定子绕组通入三相电流后，定子绕组产生旋转磁场。该磁场以同步转速在空间顺时针方向旋转，静止的转子绕组被旋转磁场的磁力线所切割，产生感应电动势；在感应电动势的作用下，闭合的转子导体中就有电流转子电流与旋转磁场相互作用的结果便在转子导体上产生电磁作用力 F，电磁作用力 F 对转轴产生电磁转矩 M，使转子转动。

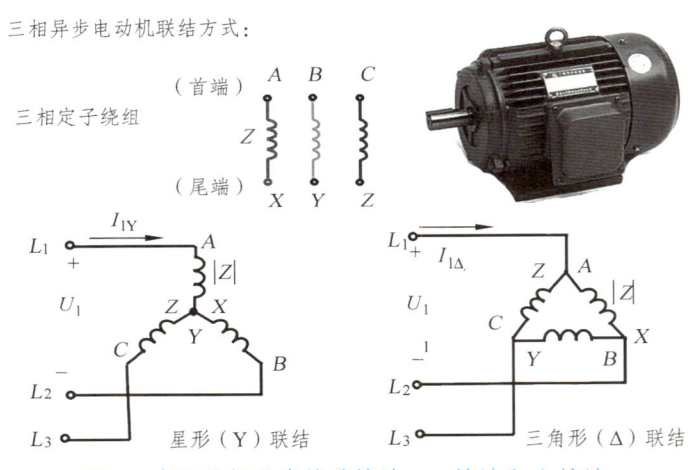

图 3　定子绕组的出线端接法：Y 接法和 △ 接法

第三节　继电接触控制

利用电动机拖动生产的机械称为电力拖动。利用继电器、接触器实现对电动机和生产设备的控制和保护，称为继电接触控制。实现继电接触控制的电气设备，统称为控制电器，如刀闸、按钮、继电器、接触器等。具有保护作用的电气设备，统称为保护电器，如熔断器、热继电器等。按动作形式还可把低压电器（直流 1 500 V，交流 1 200 V 以下）分为手动电器和自动电器。

一、电器的基本知识

电器是接通和断开电路或调节、控制和保护电路及电气设备用的电工器具。完成由控制电器组成的自动控制系统，称为继电器—接触器控制系统，简称电器控制系统。低压配电电器的选用要求包括灭弧能力强、分断能力好、热稳定性能好、限流准确等。对低压控制电器，则要求其动作可靠、操作频率高、寿命长并具有一定的负载能力。常见的低压电器的主要种类及用途见表2。

表2 常见的低压电器的主要种类及用途

序号	类别	主要品种	用途
1	断路器	塑料外壳式断路器	主要用于过负荷保护和短路、欠电压、漏电压保护，也可用在不频繁接通和断开的电路中
		框架式断路器	
		限流式断路器	
		漏电保护式断路器	
		直流快速断路器	
2	刀开关	开关板用刀开关	主要用于电路的隔离，有时也能分断负荷
		负荷开关	
		熔断器式刀开关	
3	转换开关	组合开关	主要用于电源切换，也可用于负荷通断或电路的切换
		换向开关	
4	主令电器	按钮	主要用于发布命令或程序控制
		限位开关	
		微动开关	
		接近开关	
		万能转换开关	
5	接触器	交流接触器	主要用于远距离频繁控制负荷，切断带负荷电路
		直流接触器	
6	启动器	磁力启动器	主要用于电动机的启动
		星三角启动器	
		自耦减压启动器	
7	控制器	凸轮控制器	主要用于控制回路的切换
		平面控制器	
8	继电器	电流继电器	主要用于控制电路中，将被控量转换成控制电路所需的电量或开关信号
		电压继电器	
		时间继电器	
		中间继电器	
		温度继电器	
		热继电器	

续表

序号	类别	主要品种	用途
9	熔断器	有填料熔断器	主要用于短路保护，也可用于过载保护
		无填料熔断器	
		半封闭插入式熔断器	
		快速熔断器	
		自复熔断器	
10	电磁铁	制动电磁铁	主要用于起重、牵引、制动等工况
		起重电磁铁	
		牵引电磁铁	

二、交流接触器

接触器是一种用来自动接通或断开大电流电路的电器元件。它可以频繁地接通或分断交直流电路，并可实现远距离控制。其主要控制对象是电动机，也可用于电热设备、电焊机、电容器组等其他负载。它还具有低电压释放保护功能。接触器具有控制容量大、过载能力强、寿命长、设备简单经济等特点，是电力拖动自动控制线路中使用最广泛的电器元件。按照所控制电路的种类、接触器可分为交流接触器和直流接触器两大类。

1. 交流接触器的结构与工作原理

图 4 所示为交流接触器的外形与结构。交流接触器由以下四部分组成：

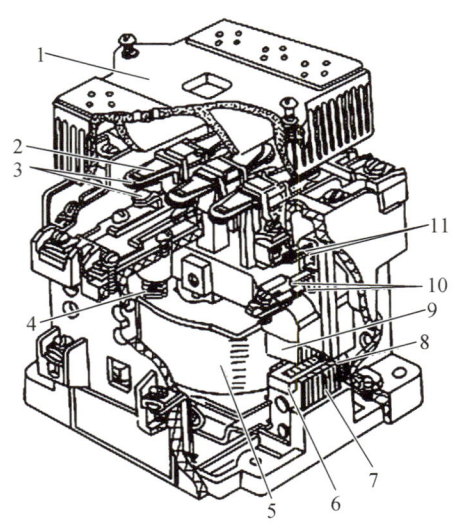

1—灭弧罩；2—触点压力弹簧片；3—主触点；4—反作用弹簧；5—线圈；6—短路环；
7—静铁芯；8—弹簧；9—动铁芯；10—辅助常开触点；11—辅助常闭触点。

图 4　CJ10-20 型交流接触器

（1）电磁机构由线圈、动铁芯（衔铁）和静铁芯组成，其作用是将电磁能转换成机械能，产生电磁吸力带动触点动作。

（2）触点系统包括主触点和辅助触点。主触点用于通断主电路，通常为三对常开触点。辅助触点用于控制电路，起电气联锁作用，故又称联锁触点，一般常开、常闭各两对。

（3）灭弧装置。容量在 10 A 以上的接触器都有灭弧装置，对于小容量的接触器，常采用双断口触点灭弧、电动力灭弧、相间弧板隔弧及陶土灭弧罩灭弧。对于大容量的接触器，采用纵缝灭弧罩及栅片灭弧。

（4）其他部件包括反作用弹簧、缓冲弹簧、触点压力弹簧、传动机构及外壳等。

2. 交流接触器的基本参数

（1）额定电压：指主触点额定工作电压，应等于负载的额定电压。一只接触器常规定几个额定电压，同时列出相应的额定电流或控制功率。通常，最大工作电压即为额定电压。常用的额定电压值为 220 V、380 V、660 V 等。

（2）额定电流：接触器触点在额定工作条件下的电流值。380 V 三相电动机控制电路中，额定工作电流值可近似为控制功率的两倍。常用额定电流等级为 5 A、10 A、20 A、40 A、60 A、100 A、150 A、250 A、400 A、600 A。

（3）通断能力：可分为最大接通电流和最大分断电流。最大接通电流是指触点闭合时不会造成触点熔焊时的最大电流值；最大分断电流是指触点断开时能可靠灭弧的最大电流。一般通断能力是额定电流的 5~10 倍。当然，这一数值与开断电路的电压等级有关，电压越高，通断能力越小。

（4）动作值：可分为吸合电压和释放电压。吸合电压是指接触器吸合前，缓慢增加吸合线圈两端的电压，接触器可以吸合时的最小电压。释放电压是指接触器吸合后，缓慢降低吸合线圈的电压，接触器释放时的最大电压。一般规定，吸合电压不低于线圈额定电压的 85%，释放电压不高于线圈额定电压的 70%。

（5）吸引线圈额定电压：接触器正常工作时，吸引线圈上所加的电压值。一般该电压数值以及线圈的匝数、线径等数据均标于线包上，而不是标于接触器外壳铭牌上，使用时应加以注意。

（6）操作频率：接触器在吸合瞬间，吸引线圈需消耗比额定电流大 5~7 倍的电流，如果操作频率过高，则会使线圈严重发热，直接影响接触器的正常使用。为此，规定了接触器的允许操作频率，一般为每小时允许操作次数的最大值。

（7）寿命：包括电气寿命和机械寿命。目前接触器的机械寿命已达一千万次以上，电气寿命约是机械寿命的 5%~20%。

（8）接触器的符号。接触器的图形符号如图 5 所示，文字符号为 KM。

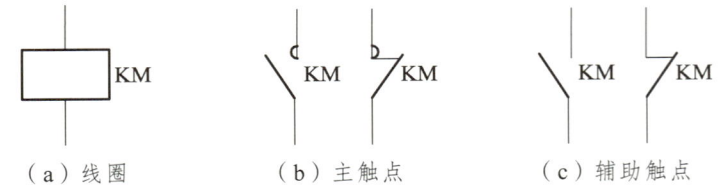

(a) 线圈　　　　　　(b) 主触点　　　　　　(c) 辅助触点

图 5　接触器的图形符号

3. 接触器的型号说明

常用的交流接触器有 CJ10，CJ12，CJX1，CJ20 等系列及其派生产品。CJ0 系列及其改型产品已逐步被 CJ20、CJX 系列产品取代。上述系列产品一般具有三对常开主触点，常开、常闭辅助触点各两对。直流接触器通常采用的是 CZ0 系列，分为单极和双极两大类，常开和常闭辅助触点各不超过两对。

除以上常用系列外，我国近年来还引进了一些生产线，生产了一些满足 IEC 标准的交流接触器。例如，CJ12B-S 系列锁扣接触器用于交流 50 Hz，电压 380 V 及以下、电流 600 A 及以下的配电电路中，供远距离接通和分断电路用，并适宜于不频繁地启动和停止交流电动机。其具有正常工作时吸引线圈不通电、无噪声等特点，锁扣机构位于电磁系统的下方。锁扣机构靠吸引线圈通电，吸引线圈断电后靠锁扣机构保持在锁住位置。由于线圈不通电，不仅无电力损耗，而且消除了磁噪音。又如，西门子公司的 3TB 系列、BBC 公司的 B 系列交流接触器等主要用于远距离接通和分断电路工作场景中，并适用于频繁启动及控制交流电动机。3TB 系列产品具有结构紧凑、机械寿命和电气寿命长、安装方便、可靠性高等特点。

三、继电器

继电器是根据某种输入信号的变化，接通或断开控制电路，实现自动控制和保护电力装置的自动电器。继电器的种类很多，按输入信号的性质分为电压继电器、电流继电器、时间继电器、温度继电器、速度继电器、压力继电器等；按工作原理可分为电磁式继电器、感应式继电器、电动式继电器、热继电器和电子式继电器等；按输出形式可分为有触点继电器和无触点继电器两类；按用途可分为控制用和保护用继电器等。

（1）电磁式继电器的结构与工作原理。

电磁式继电器是应用得最早、最多的一种类型。其结构及工作原理与接触器大体相同，由电磁系统、触点系统和释放弹簧等组成，原理如图 6 所示。由于继电器用于控制电路，流过触点的电流比较小（一般 5 A 以下），故不需要灭弧装置。常用的电磁式继电器有电压继电器、中间继电器和电流继电器。电磁式继电器的图形、文字符号如图 7 所示。

（2）电磁式继电器的特性。

继电器的主要特性是输入-输出特性，又称继电特性，继电特性曲线如图 8 所示。当继电器输入量 X 由零增至 X_2 以前，继电器输出量 Y 为零。当输入量 X 增加到 X_2 时，继电器吸合，输出量为 Y_1；若 X 继续增大，Y 会保持不变。当 X 减小到 X_1 时，继电器释放，输出量由 Y_1 变为零；若 X 继续减小，Y 值均为零。X_2 称为继电器吸合值，欲使继电器吸合，输入量必须不小于 X_2；X_1 称为继电器释放值，欲使继电器释放，输入量必须等于或小于 X_1。

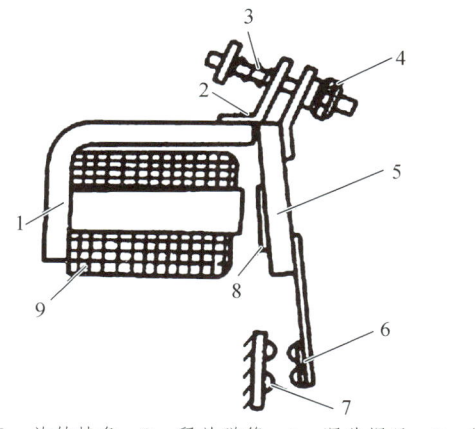

1—铁芯；2—旋转棱角；3—释放弹簧；4—调节螺母；5—衔铁；
6—动触点；7—静触点；8—非磁性垫片；9—线圈。

图 6　电磁式继电器的原理

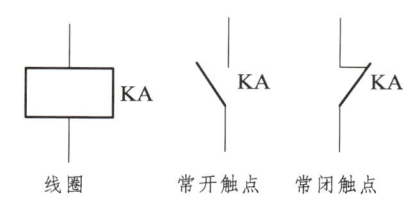

图 7　电磁式继电器图形、文字符号

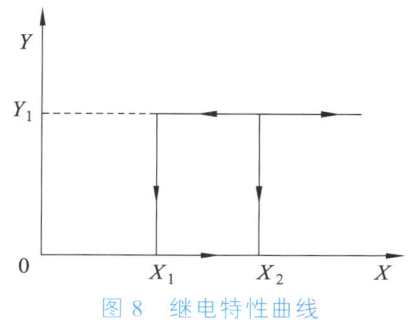

图 8　继电特性曲线

$K_f = X_1/X_2$ 称为继电器的返回系数，它是继电器重要参数之一。K_f 值是可以调节的。一般继电器要求低的返回系数，K_f 值此时应在 0.1～0.4 之间，这样当继电器吸合后，输入量波动较大时不致引起误动作；欠电压继电器则要求高的返回系数，K_f 值在 0.6 以上。设某继电器 $K_f = 0.66$，吸合电压为额定电压的 90%，则电压低于额定电压的 50% 时，继电器释放，起到欠电压保护作用。其他重要参数是吸合时间和释放时间。吸合时间是指从线圈接受电信号到衔铁完全吸合所需的时间；释放时间是指从线圈失电到衔铁完全释放所需的时间。一般继电器的吸合时间与释放时间为 0.05～0.15 s，快速继电器为 0.005～0.05 s，其值大小影响继电器的操作频率。

（3）电压继电器。

电压继电器用于电力拖动系统的电压保护和控制。其线圈并联接入主电路，感测主电路的线路电压；触点接于控制电路，为执行元件。按吸合电压的大小，电压继电器可分为过电压继电器和欠电压继电器。过电压继电器（FV）用于线路的过电压保护，其吸合整定值为被保护线路额定电压的 1.05～1.2 倍。当被保护的线路电压正常时，衔铁不动作；当被保护线路的电压高于额定值，达到过电压继电器的整定值时，衔铁吸合，触点机构动作，控制电路失电，控制接触器及时分断被保护电路。欠电压继电器（KV）用于线路的欠电压保护，其释放整定值为线路额定电压的 0.1～0.6 倍。当被保护电路电压正常时，衔铁可靠吸合；当被保护线路电压降至欠电压继电器的释放整定值时，衔铁释放，触点机构复位，控制接触器及时分断被保护电路。零电压继电器是当电路电压降低到（5%～25%）U_N 时释放，对电路实现零电压保护。用于线路的失压保护。中间继电器实质上是一种电压继电器，它的特点是触点数目较多，电流容量可增大，起到中间放大（触点数目和电流容量）的作用。

（4）电流继电器。

电流继电器用于电力拖动系统的电流保护和控制。其线圈串联接入主电路，用来感测主电路的线路电流；触点接于控制电路，为执行元件。电流继电器反映的是电流信号。常用的电流继电器有欠电流继电器和过电流继电器两种。欠电流继电器（KA）用于电路起欠电流保护作用，吸引电流为线圈额定电流的 30%～65%，释放电流为额定电流 10%～20%，因此，在电路正常工作时，衔铁是吸合的，只有当电流降低到某一整定值时，继电器释放，控制电路失电，从而控制接触器及时分断电路。过电流继电器（FA）在电路正常工作时不动作，整定范围通常为额定电流的 1.1～4 倍，当被保护线路的电流高于额定值，达到过电流继电器的整定值时，衔铁吸合，触点机构动作，控制电路失电，从而控制接触器及时分断电路，对电路起过流保护作用。JT4 系列交流电磁继电器适合于交流 50 Hz 380 V 及以下自动控制回路中作零电压、过电压、过电流和中间继电器使用，过电流继电器也适用 60 Hz 交流电路。通用电磁式继电器有 JT3 系列直流电磁式和 JT4 系列交流电磁式继电器（均为老产品）。新产品有 JT9、JTl0、JL12、JL14、JZ7 等系列，其中 JLl4 系列为交直流电流继电器，JZ7 系列为交流中间继电器。

（5）时间继电器。

时间继电器是一种利用电磁原理或机械动作原理实现触点延时接通或断开的自动控制电器，其种类很多，常用的有电磁式、空气阻尼式、电动式和晶体管式等。时间继电器图形符号及文字符号如图 9 所示。选用时间继电器时应注意，其线圈（或电源）的电流种类和电压等级应与控制电路相同；按控制要求选择延时方式和触点型式；校核触点数量和容量，若不够时，可用中间继电器进行扩展。时间继电器新系列产品 JS14A 系列、JS20 系列半导体时间继电器、JS14P 系列数字式半导体继电器等具有体积小、延时精度高、寿命长、工作稳定可靠、安装方便、触点输出容量大和产品规格全等优点，广泛用于电力拖动、顺序控制及各种生产过程的自动控制中。

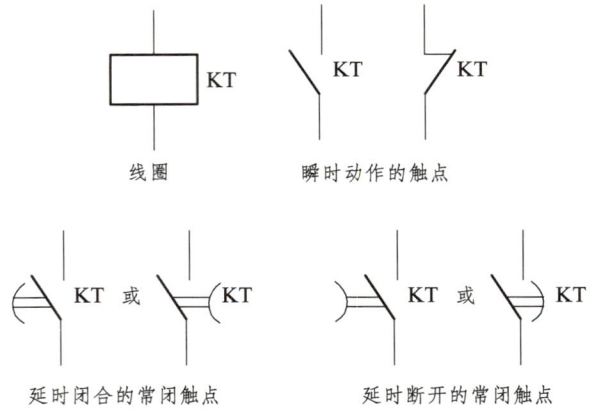

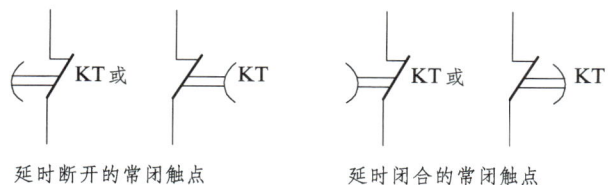

延时断开的常闭触点　　　　延时闭合的常闭触点

图9　时间继电器图形符号及文字符号

（6）热继电器。

热继电器（FR）主要用于电力拖动系统中电动机负载的过载保护。电动机在实际运行中，常会遇到过载情况，但只要过载不严重、时间短，绕组不超过允许的温升，这种过载是允许的。但如果过载情况严重、时间长，则会加速电动机绝缘的老化，缩短电动机的使用年限，甚至烧毁电动机，因此必须对电动机进行过载保护。

① 热继电器的结构与工作原理。

热继电器主要由热元件、双金属片和触点组成，如图10所示，热元件由发热电阻丝做成。双金属片由两种热膨胀系数不同的金属碾压而成，当双金属片受热时，会出现弯曲变形。使用时，把热元件串接于电动机的主电路中，而常闭触点串接于电动机的控制电路中。当电动机正常运行时，热元件产生的热量虽能使双金属片弯曲，但还不足以使热继电器的触点动作。当电动机过载时，双金属片弯曲位移增大，推动导板使常闭触点断开，从而切断电动机控制电路以起保护作用。热继电器动作后一般不能自动复位，要等双金属片冷却后按下复位按钮复位。热继电器动作电流的调节可以借助旋转凸轮于不同位置来实现。

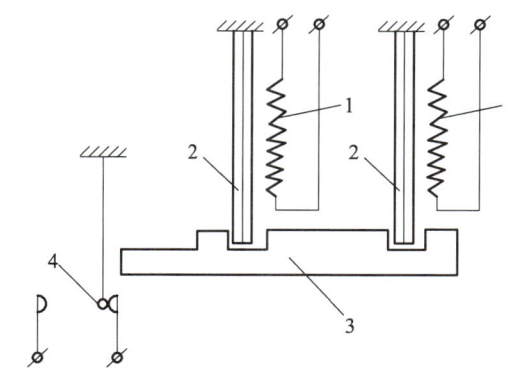

1—热元件；2—双金属片；3—导板；4—触点复位。

图10　热继电器原理示意

② 热继电器的型号及选用。

目前生产的热继电器主要有 JR0、JR1、JR2、JR9、R10、JR15、JR16 等系列。JR1、JR2 系列热继电器采用间接受热方式，其主要缺点是双金属片靠发热元件间接加热，热耦合较差；双金属片的弯曲程度受环境温度影响较大，不能正确反映负载的过流情况。JR15、JR16 等系列热继电器采用复合加热方式并采用了温度补偿元件，因此较能正确反映负载的工作情况。JR1、JR2、JR0 和 JR15 系列的热继电器均为两相结构，是双热元件的热继电器,可以用作三相异步电动机的均衡过载保护和Y联结定子绕组的三相异步电动机的断相保护,但不能用作定子绕组为△联结的三相异步电动机的断相保护。

JR16和JR20系列热继电器均有带有断相保护的热继电器,具有差动式断相保护机构。热继电器的选择主要根据电动机定子绕组的联结方式来确定热继电器的型号,在三相异步电动机电路中,对Y联结的电动机可选两相或三相结构的热继电器,一般采用两相结构的热继电器,即在两相主电路中串接热元件。对于三相感应电动机,定子绕组为△联结的电动机必须采用带断相保护的热继电器。热继电器的图形及文字符号如图11所示。

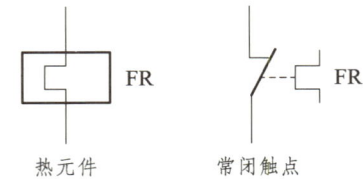

图11　热继电器的图形及文字符号

（7）速度继电器。

速度继电器又称为反接制动继电器。它主要用于笼形异步电动机的反接制动控制。感应式速度继电器的原理如图12所示。它是靠电磁感应原理实现触点动作的。从结构上看,与交流电机相类似,速度继电器主要由定子、转子和触点三部分组成。定子的结构与笼型异步电动机相似,是一个笼形空心圆环,由硅钢片冲压而成,并装有笼形绕组。转子是一个圆柱形永久磁铁。速度继电器的轴与电动机的轴相连接。转子固定在轴上,定子与轴同心。当电动机转动时,速度继电器的转子随之转动,绕组切割磁场产生感应电动势和电流,此电流和永久磁铁的磁场作用产生转矩,使定子向轴的转动方向偏摆,通过定子柄拨动触点,使常闭触点断开、常开触点闭合。当电动机转速下降到接近零时,转矩减小,定子柄在弹簧力的作用下恢复原位,触点也复原。速度继电器根据电动机的额定转速进行选择。其图形及文字符号如图13所示。常用感应式速度继电器有JY1和JFZ0系列等。

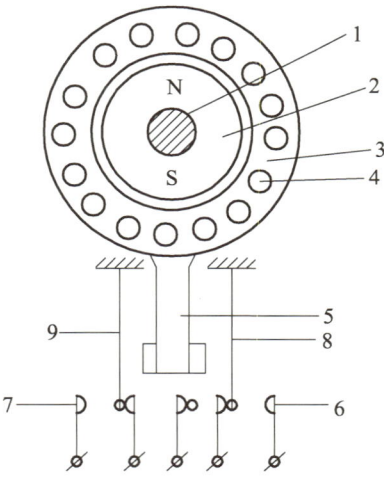

1—转子；2—电动机轴；3—定子；4—绕组；5—定子柄；6—静触点；7—动触点；8—簧片。

图12　速度继电器结构原理图

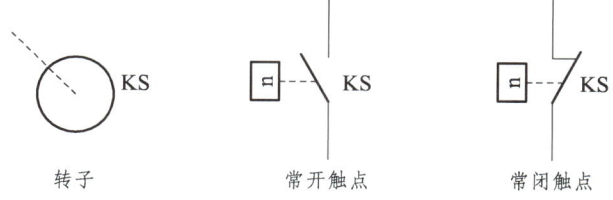

图 13 速度继电器的图形、文字符号

JY1 系列能在 3000 r/min 转速下可靠工作。JFZ0 型触点动作速度不受定子柄偏转快慢的影响，触点改用微动开关。JFZ0 系列 JFZ0-1 型适用于 300～1000 r/min。JFZ0-2 型适用于 1000～3000 r/min。速度继电器有两对常开、常闭触点，分别对应于被控电动机的正、反转运行。一般情况下速度继电器的触点，在转速达 120 r/min 时能动作，100 r/min 左右时能恢复正常位置。

（8）可编程通用逻辑控制继电器。

可编程通用逻辑控制继电器是近几年发展应用的一种新型通用逻辑控制继电器亦称通用逻辑控制模块，它将控制程序预先存储在内部存储器中，用户程序采用梯形图或功能图语言编程，形象直观，简单易懂，由按钮、开关等输入开关量信号。通过执行程序对输入信号进行逻辑运算、模拟量比较、计时、计数等，另外还有显示参数、通信、仿真运行等功能，其内部软件功能和编程软件可替代传统逻辑控制器件及继电器电路，并具有很强的抗干扰抑制能力。另外，其硬件是标准化的，要改变控制功能只需改变程序即可。因此，在继电逻辑控制系统中，可以"以软代硬"替代其中的时间继电器、中间继电器、计数器等，以简化线路设计，并能完成较复杂的逻辑控制，甚至可以完成传统继电逻辑控制方式无法实现的功能。在工业自动化控制系统、小型机械和装置、建筑电器等广泛应用在智能建筑中适用于照明系统、取暖通风系统、门窗、栅栏和出入口等的控制。常用产品主要有德国金钟-默勒公司的 Easy，西门子公司的 LOGO、日本松下公司的可选模式控制器—控制存储式继电器等。

四、刀开关与低压断路器

开关的作用是分合电路、开断电流。常用的有刀开关、隔离开关、负荷开关、转换开关（组合开关）、自动空气开关（空气断路器）等。开关有多种类型，包括有载运行操作、无载运行操作和选择性运行操作；正面操作、侧面操作和背面操作；此外，还有不带灭弧装置和带灭弧装置之分。刀口接触有面接触和线接触两种，线接触形式，刀片容易插入，接触电阻小，制造方便。开关常采用弹簧片以保证接触良好。

（1）低压刀开关。

常用的 HD 系列和 HS 系列刀开关的外形如图 14 所示。刀开关的图形和文字符号如图 15 所示。

刀开关是手动电器中结构最简单的一种，主要用作电源隔离开关，负载接在下端，这样拉闸后刀片与电源隔离，可防止意外事故发生；也可用来非频繁地接通和分断容量较小的低压配电线路，接线时应将电源线接在上端。刀开关的主要类型包括大电流刀开关、负荷开关、熔断器式刀开关等，常见产品有 HD11～HD14 和 HS11～HS13 等系列。

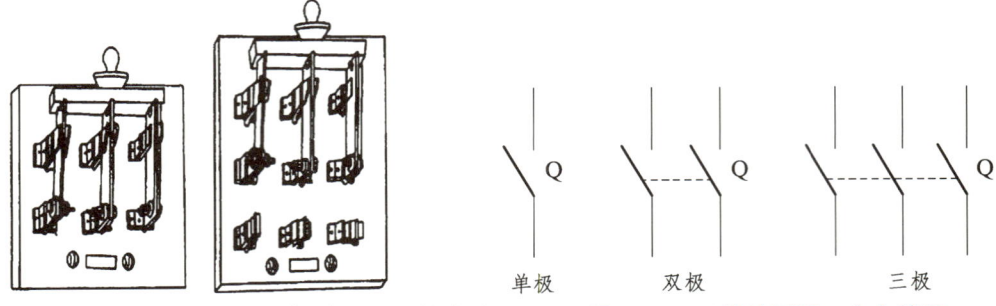

图 14　HD 系列（左）、HS 系列（右）刀开关外形图　　图 15　刀开关的图形、文字符号

选择刀开关时应考虑：① 结构形式的选择，应根据刀开关的作用和装置的安装形式来选择如是否带灭弧装置，若分断负载电流时，应选择带灭弧装置的刀开关。根据装置的安装形式来选择，是否是正面、背面或侧面操作形式，是直接操作还是杠杆传动，是板前接线还是板后接线的结构形式。② 额定电流的选择，一般应等于或大于所分断电路中各个负载额定电流的总和。对于电动机负载，应考虑其启动电流，所以应选用额定电流大一级的刀开关。如果再考虑电路出现的短路电流，还应选用额定电流更大一级的刀开关。QA 系列、QF 系列 QSA（HH15）系列隔离开关用在低压配电中，HY122 带有明显断口数模化隔离开关，广泛用于楼层配电、计量箱、终端组电器中。HR3 熔断器式刀开关、具有刀开关和熔断器的双重功能，采用这种组合开关电器可以简化配电装置结构，经济实用，越来越广泛地用在低压配电屏上。HK1、HK2 系列开启式负荷开关（胶壳刀开关），用作电源开关和小容量电动机非频繁启动的操作开关。HH3、HH4 系列封闭式负荷开关（铁壳开关），操作机构具有速断弹簧与机械联锁，用于非频繁启动、28 kW 以下的三相异步电动机。

（2）低压断路器。

低压断路器也称为自动空气开关，可用来接通和分断负载电路，也可用来控制不频繁启动的电动机。其功能相当于闸刀开关、过电流继电器、失压继电器、热继电器及漏电保护器等电器部分或全部的功能总和，是低压配电网中一种重要的保护电器。低压断路器具有多种保护功能（过载、短路、欠电压保护等）、动作值可调、分断能力高、操作方便、安全等优点，所以目前被广泛应用。

① 结构和工作原理。

低压断路器由操作机构、触点、保护装置（各种脱扣器）、灭弧系统等组成。低压断路器工作原理图如图 16 所示。低压断路器的主触点是靠手动操作或电动合闸的。主触点闭合后，自由脱扣机构将主触点锁在合闸位置上。过电流脱扣器的线圈和热脱扣器的热元件与主电路串联，欠电压脱扣器的线圈和电源并联。当电路发生短路或严重过载时，过电流脱扣器的衔铁吸合，使自由脱扣机构动作，主触点断开主电路。当电路过载时，热脱扣器的热元件发热使双金属片向上弯曲，推动自由脱扣机构动作。当电路欠电压时，欠电压脱扣器的衔铁释放。也使自由脱扣机构动作。分励脱扣器则作为远距离控制用：在正常工作时，其线圈是断电的，在需要距离控制时，按下启动按钮，使线圈通电，衔铁带动自由脱扣机构动作，使主触点断开。

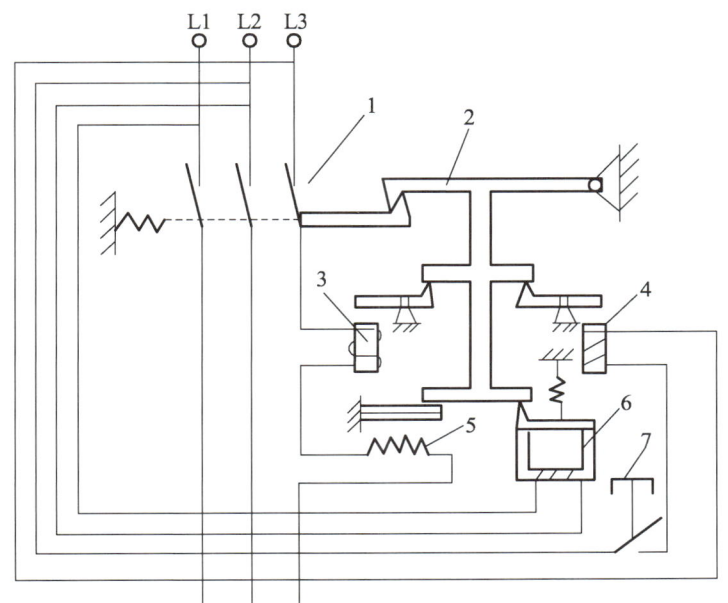

1—主触点；2—自由脱扣机构；3—过电流脱扣器；4—分励脱扣器；
5—热脱扣器；6—欠电压脱扣器；7—停止按钮。

图16 低压断路器工作原理图

② 低压断路器的选用原则。

根据线路对保护的要求确定断路器的类型和保护形式来确定选用框架式、装置式或限流式等；断路器的额定电压 U_N 应等于或大于被保护线路的额定电压；断路器欠压脱扣器额定电压应等于被保护线路的额定电压；断路器的额定电流及过载脱扣器的额定电流应大于或等于被保护线路的计算电流；断路器的极限分断能力应大于线路的最大短路电流的有效值；配电线路中的上、下级断路器的保护特性应协调配合，下级的保护特性应位于上级保护特性的下方且不相交；断路器的长延时脱扣电流应小于导线允许的持续电流。

五、熔断器

熔断器是一种简单而有效的保护电器，在电路中主要起短路保护作用。熔断器主要由熔体和安装熔体的绝缘管（绝缘座）组成。使用时，熔体串接于被保护的电路中，当电路发生短路故障时，熔体被瞬时熔断而分断电路，起到保护作用。

（1）常用的熔断器。

① 插入式熔断器：如图17所示，它常用于380 V及以下电压等级的线路末端，作为配电支线或电气设备的短路保护用。

② 螺旋式熔断器：如图18所示，熔体上端盖有一熔断指示器，一旦熔体熔断，指示器马上弹出，可透过瓷帽上的玻璃孔观察到，它常用于机床电气控制设备中。螺旋式熔断器分断电流较大，可用于电压等级500 V及其以下、电流等级200 A以下的电路中，作短路保护。

③ 封闭式熔断器，封闭式熔断器分有填料熔断器和无填料熔断器两种，如图 19、图 20 所示。有填料熔断器一般用方形瓷管，内装石英砂及熔体，分断能力强，用于电压等级 500 V 以下、电流等级 1 kA 以下的电路中。无填料密闭式熔断器将熔体装入密闭式圆筒中，分断能力稍小，用于 500 V 以下，600 A 以下电力网或配电设备中。

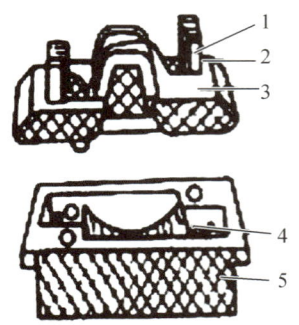

1—动触点；2—熔体；3—瓷插件；4—静触点；5—瓷座。

图 17　插入式熔断器

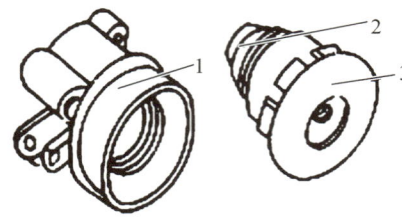

1—底座；2—熔体；3—瓷帽。

图 18　螺旋式熔断器

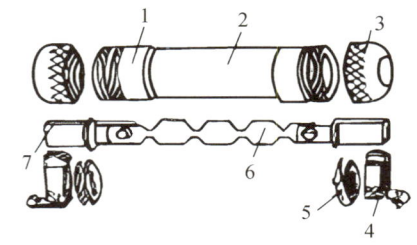

1—铜圈；2—熔断管；3—管帽；4—插座；5—特殊垫圈；6—熔体；7—熔片。

图 19　有填料密闭管式熔断器

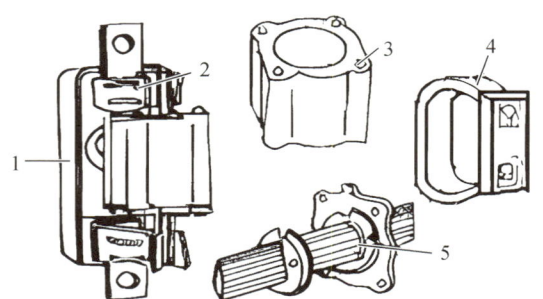

1—瓷底座；2—弹簧片；3—管体；4—绝缘手柄；5—熔体。

图 20　无填料封闭管式熔断器

④ 快速熔断器：它主要用于半导体整流元件或整流装置的短路保护。由于半导体元件的过载能力很低。只能在极短时间内承受较大的过载电流，因此要求短路保护具有快速熔断的能力。快速熔断器的结构和有填料封闭式熔断器的类似，但熔体材料和形状不同，它以银片冲制的有 V 形深槽的变截面熔体。

⑤ 自复熔断器：采用金属钠作熔体，在常温下具有高电导率。当电路发生短路故障时，短路电流产生高温使钠迅速气化，气态钠呈现高阻态，从而限制了短路电流。当

短路电流消失后，温度下降，金属钠恢复原来的良好导电性能。自复熔断器只能限制短路电流，不能真正分断电路。其优点是不必更换熔体，能重复使用。

当电路发生短路故障时，短路电流会产生高温，导致钠迅速气化，气态钠呈现高阻态，从而限制短路电流。

（2）熔断器的选择。

这主要依据负载的保护特性和短路电流的大小来选择熔断器的类型。对于容量小的电动机和照明支线，常采用熔断器作为过载及短路保护，因而希望熔体的熔化系数适当小些，通常选用铅锡合金熔体的 RQA 系列熔断器。对于较大容量的电动机和照明干线，则应着重考虑短路保护和分断能力，通常选用具有较高分断能力的 RM10 和 RL1 系列的熔断器。当短路电流很大时，宜采用具有限流作用的 RT0 和 RTl2 系列熔断器。熔体的额定电流可按以下方法选择：① 保护无启动过程的平稳负载，如照明线路、电加热炉等时，熔体额定电流略大于或等于负荷电路中的额定电流。② 保护单台长期工作的电机熔体电流可按最大启动电流选取，也可按式 $I_{RN} \geq (1.5 \sim 2.5) I_N$ 选取，式中 I_{RN} 为熔体额定电流，I_N 为电动机额定电流；如果电动机频繁启动，系数可适当加大至 3～3.5，具体应根据实际情况而定。③ 保护多台长期工作的电机（供电干线）$I_{RN} \geq (1.5 \sim 2.5) I_{N\,max} + \Sigma I_N$；式中 $I_{N\,max}$ 为容量最大单台电机的额定电流，ΣI_N 是其余电动机额定电流之和。

（3）熔断器的级间配合。

为防止发生越级熔断、扩大事故范围，上、下级（即供电干、支线）线路的熔断器间应有良好配合。选用时，应使上级（供电干线）熔断器的熔体额定电流比下级（供电支线）的大 1～2 个级差。常用的熔断器有管式熔断器 R1 系列、螺旋式熔断器 RL1 系列、填料封闭式熔断器 RT0 系列及快速熔断器 RS0、RS3 系列等。

六、控制按钮

控制按钮是一种结构简单、使用广泛的手动主令电器，它可以与接触器或继电器配合，对电动机实现远距离的自动控制，用于实现控制线路的电气联锁。如图 21 所示，控制按钮由按钮帽、复位弹簧、桥式触点和外壳等组成，通常做成复合式，即具有闭触点和常开触点。按下按钮时，先断开常闭触点，后接通常开触点；按钮释放后，在复位弹簧的作用下，按钮触点自动复位的先后顺序相反。在无特殊说明的情况下，有触点电器的触点动作顺序均为"先断后合"。

在电器控制线路中，常开按钮常用来启动电动机，也称启动按钮，常闭按钮常用于控制电动机停车，复合按钮用于联锁控制电路中。控制按钮的种类很多，在结构上有揿钮式、紧急式、钥匙式、旋钮式、带灯式和打碎玻璃按钮等。常用的控制按钮有 LA2、LA18、LA20、LAY1 和 SFAN-1 型系列按钮。其中 SFAN-1 型为消防打碎玻璃按钮。LA2 系列为仍在使用的老产品，新产品有 LA18、LA19、LA20 等系列。其中 LA18 系列采用积木式结构，触点数目可按需要拼装至"六常开六常闭"，一般装成"二常开二常闭"。LA19、LA20 系列有带指示灯和不带指示灯两种，前者按钮帽用透明塑料制成，兼作指示灯罩。按钮选择的主要依据是使用场所、所需要的触点数量、种类及颜色。按钮开关的图形符号及文字符号如图 22 所示。

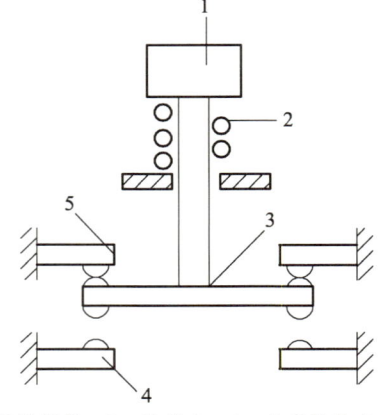

1—按钮帽；2—复位弹簧；3—动触点；4—常开静触点；5—常闭静触点。

图 21　按钮开关结构示意图

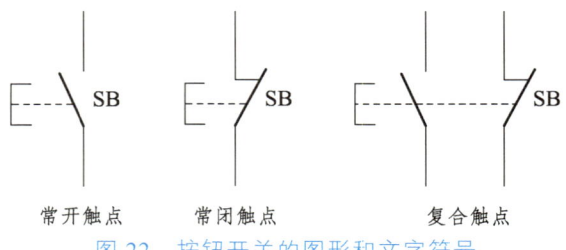

图 22　按钮开关的图形和文字符号

七、行程开关

行程开关又称限位开关，用于控制机械设备的行程及限位保护，图 23 所示为直动式行程开关。在实际生产中，将行程开关安装在预先安排的位置，当装于生产机械运动部件上的模块撞击行程开关时，行程开关的触点动作，实现电路的切换。因此，行程开关是一种根据运动部件的行程位置而切换电路的电器，它的作用原理与按钮类似。

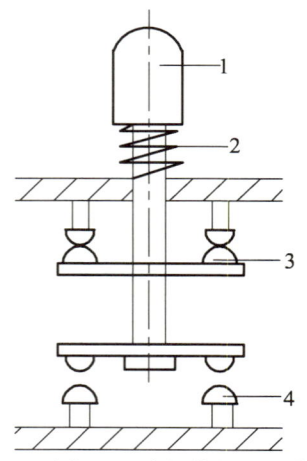

1—顶杆；2—弹簧；3—常闭触点；4—常开触点。

图 23　直动式行程开关

行程开关广泛用于各类机床和起重机械，用以控制其行程、进行终端限位保护。在电梯的控制电路中，还利用行程开关来控制开关轿门的速度、自动开关门的限位以及轿厢的上、下限位保护等。

第四节　电气控制的基本线路

任何复杂的电气控制线路都是按照一定的控制原则，由基本的控制线路组成的。基本控制线路是学习电器控制的基础。

电气控制线路的表示方法有电气原理图、电气接线图、电器布置图等。电气原理图是根据工作原理而绘制的，具有结构简单、层次分明、便于研究和分析电路的工作原理等优点。在各种生产机械的电器控制中，无论在设计部门或生产现场都得到广泛的应用。电器控制线路常用的图形和文字符号必须符合最新的国家标准。电气控制线路根据电路通过的电流大小可分为主电路和控制电路。主电路包括从电源到电动机的电路，是强电流通过的部分，用粗线条画在原理图的左边。控制电路是通过弱电流的电路，一般由按钮、电器元件的线圈、接触器的辅助触点、继电器的触点等组成，用细线条画在原理图的右边。采用电器元件展开图的画法。同一电器元件的各部件可以不画在一起，但需用同一文字符号标出。若有多个同类电器，可在文字符号后加上数字序号，如 KM1、KM2 等。所有按钮、触点均按没有外力作用和没有通电时的原始状态画出。控制电路的分支线路，原则上按照动作先后顺序排列，两线交叉连接时的电气连接点须用黑点标出。下面通过几个案例加以说明。

1. 家用电路的安装示例

安装要求：如图 24 所示，220 V 单相交流电经断路器 QF_1 进入电能表 Wh，从电能表出来分为三个支路。第一支路经由断路器 QF_2 到达三孔（单相）插座。第二支路由断路器 QF_3、开关 K_1 控制灯泡；第三支路由断路器 QF_4、开关 K_2 控制日光灯。

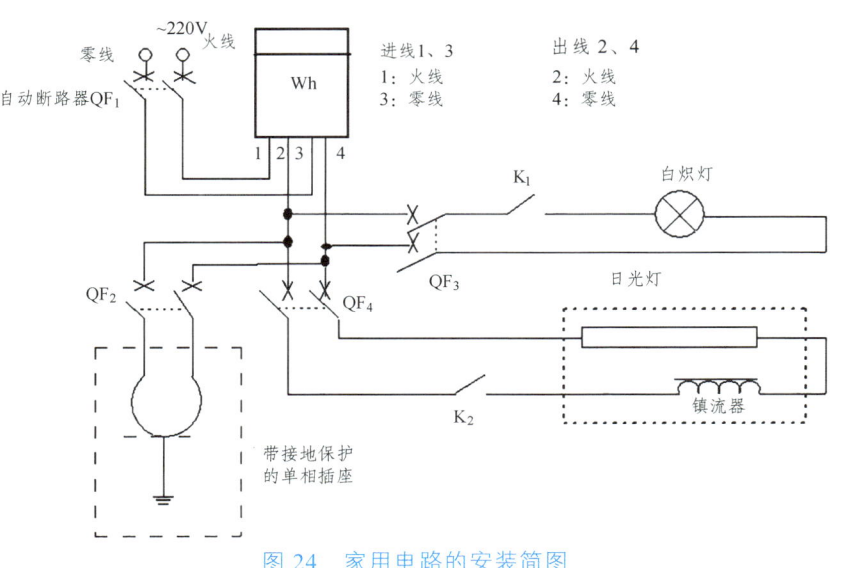

图 24　家用电路的安装简图

2. 鼠笼式电动机直接启动的控制线路

控制要求：如图 25 所示，（1）直接启动长动控制；（2）隔离、短路、过载、零压保护。电路工作原理和过程：启动前先合上电源开关 QS。按下启动按钮 SB_2，接触器 KM 线圈得电，KM 主触头闭合，使电机 M 运转；同时 KM 常开，辅助触头闭合，线圈同时通过辅助触头与控制线连通。松开按钮 SB_2，此时虽然按钮 SB_2 与线圈断开，但是线圈仍然通过 KM 辅助触头与控制线连通，仍然得电吸合，实现自锁；按下停止按钮 SB_1，KM 线圈失电，KM 主触头断开，电机停转；同时 KM 辅助触头也断开，解除自锁。

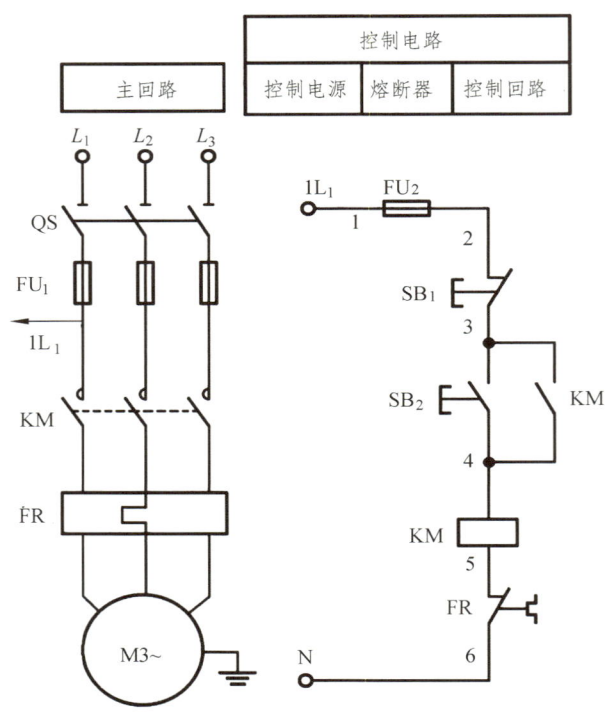

图 25　鼠笼式电动机直接启动的控制线路

3. 鼠笼式电动机正反转的控制线路

电机要实现正反转控制，将其电源的相序中任意两相对调即可（称为换相），通常是 V 相不变，将 U 相与 W 相对调。换相的方法很多，其中之一是用两个接触器来实现，如图 26 所示，从而使电动机能够正反转。当正转接触器 KM_1 工作时，电动机正转；当反转接触器 KM_2 工作时，电动机反转。

电路工作原理和过程：启动前先合上电源开关 QA。① 正向启动过程，按下正转按钮 SB_1，接触器 KM_1 线圈得电，KM_1 的主触点闭合，KM_1 的辅助触点自锁，电动机连续正向运转。此时电机接电源的 U-V-W。② 反向启动过程，按下停止按钮 SB_3，再按下反转按钮 SB_2，接触器 KM_2 线圈得电，KM_2 的主触点闭合，KM_2 的辅助触点自锁，电动机连续反向运转。此时电机接电源的 U-W-V。③ 停止过程，按下停止按钮 SB_3，电机停转。由于将两相相序对调时要确保两个 KM 线圈不能同时得电，否则会发生严重的相间短路故障，因此必须采取接触器互锁的方式。上述的正转、反转控制电路中分别串联了 KM_2 和 KM_1 的动断辅助触点，进行互锁。

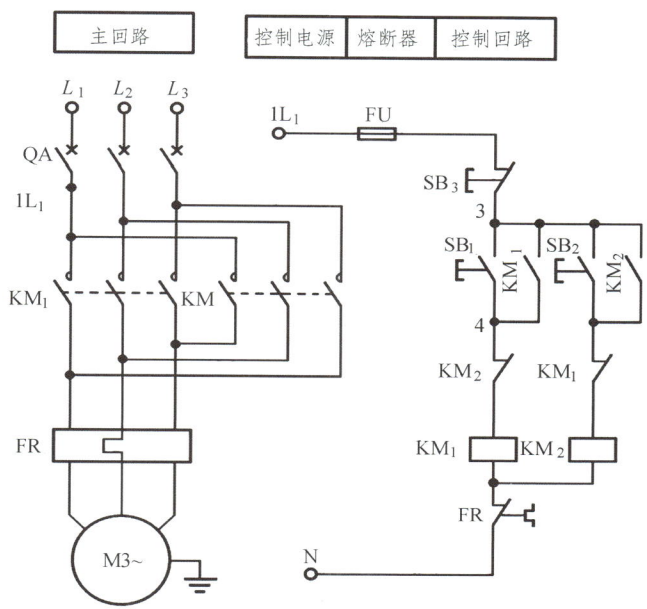

图 26　鼠笼式电动机正反转的控制线路

4. 安装和调试可逆启动、带直流能耗制动的控制电路（表 3）

表 3　控制电路安装要点

序号	主要内容	操作要求
1	元件安装	（1）按图纸要求正确使用工具和仪表，熟练安装电气元器件 （2）元件在配电板上布置要合理，安装要准确、紧固 （3）按钮盒不固定在板上
2	布线	（1）布线要求横平竖直，接线紧固美观 （2）电源和电动机配线、按钮接线要接到端子排上，要注明引出端子标号 （3）导线不能乱线敷设 （4）接线应尽量少用，注意避免交叉 （5）任何负载应先经过开关和保险丝才能与电源相接 （6）接线时，应先用粗导线联接较大电流主回路，然后用细线联接电流较小回路
3	通电试验	在保证人身和设备安全的前提下，通电试验一次成功

按操作要求，结合图 27 所示：（1）进行正确熟练地安装；元件在配线板上布置要合理，安装要正确、紧固，布线要求横平竖直，应尽量避免交叉跨越，接线紧固、美观，正确使用工具和仪表。（2）按钮盒不固定在板上，电源和电动机配线、按钮接线要接到端子排上，要注明引出端子标号。（3）安全文明操作。

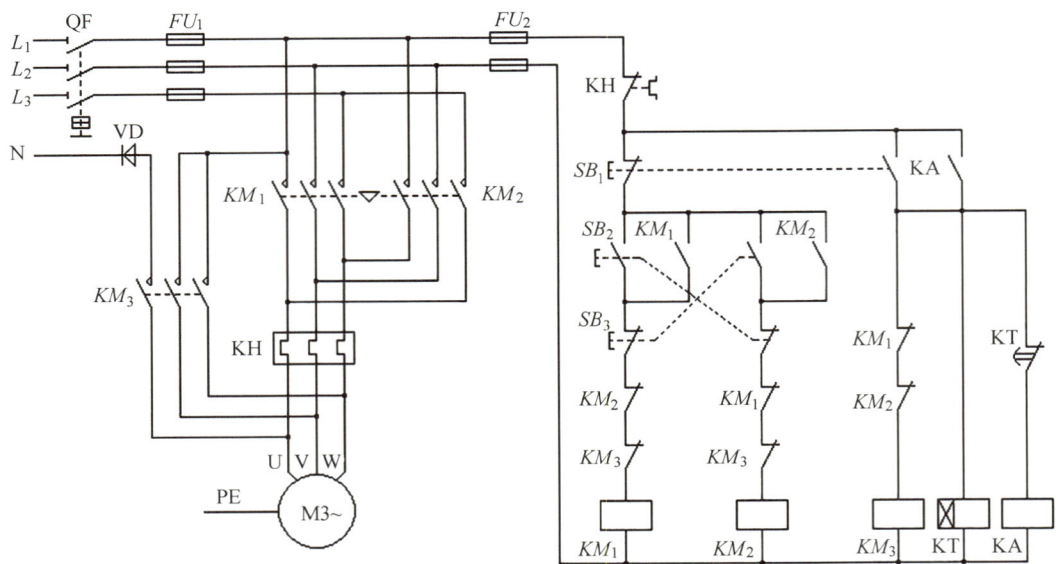

图 27 可逆启动（带直流能耗制动）的控制电路

5. 安装和调试双速电动机的自动控制电路

按操作要求，结合图 28 所示：（1）进行正确熟练地安装；元件在配线板上布置要合理，安装要正确、紧固，布线要求横平竖直，应尽量避免交叉跨越，接线紧固、美观，正确使用工具和仪表。（2）按钮盒不固定在板上，电源和电动机配线、按钮接线要接到端子排上，要注明引出端子标号。（3）安全文明操作。

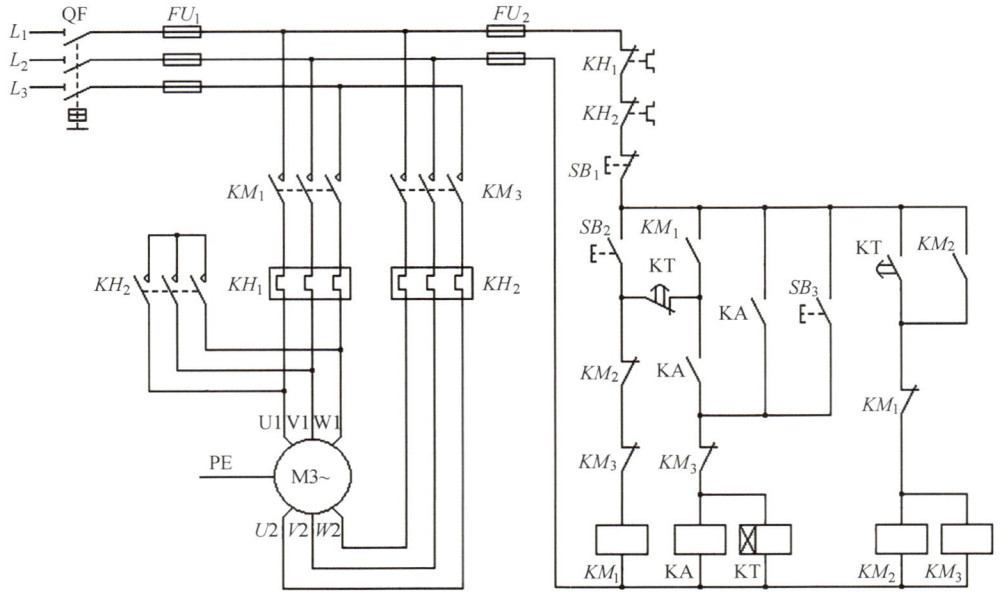

图 28 双速电动机的自动控制电路

6. 用兆欧表测量三相异步电动机的绝缘电阻（表4）

表4　测量三相异步电动机绝缘电阻的要点

序号	主要内容	操作要求
1	测量准备	兆欧表：俗称摇表，用于检查电机、电器及线路的绝缘情况和测量高值电阻。兆欧表上有3个分别标有接地（N）、电路（U）、保护环（G）的接线柱。应视被测设备电压等级的不同选用合适的绝缘电阻测试仪。一般额定电压在 500 V 以下的设备，选用 500 V 或 1 000 V 的兆欧表；额定电压在 500 V 及以上的设备，选用 1 000～2 500 V 的兆欧表。量程范围的选用一般应注意不要使其测量范围超过所测设备的绝缘电阻值，以免读数产生较大误差。 1. 选择兆欧表测量三相异步电动机的绝缘电阻； 2. 检查兆欧表：（1）测量前必须将被测设备电源切断，并对地短路放电。测量时绝不能让设备带电，以保证人身和设备的安全。对可能感应出高压电的设备，必须消除这种可能性后，才能进行测量。（2）测量前应将兆欧表进行一次开路和短路试验，检查兆欧表是否良好。即在兆欧表未接上被测物之前，摇动手柄使发电机达到额定转速（120 r/min），观察指针是否指在标尺的"∞"位置。将接线柱"线（L）和地（E）"短接，缓慢摇动手柄，观察指针是否指在标尺的"0"位。符合上述情况则是说明兆欧表是良好的；如指针不能指到该指的位置，表明兆欧表有故障，应检修后再用。
2	测量过程	1. 测量前应先切断电气设备电源。 2. 必须正确接线。兆欧表上一般有三个接线柱，其中 L 接在被测物和大地绝缘的导体部分，E 接被测物的外壳或大地，G 接在被测物的屏蔽上或不需要测量的部分。测量绝缘电阻时，一般只用"L"和"E"端，但在测量电缆对地的绝缘电阻或被测设备的漏电流较严重时，就要使用"G"端，并将"G"端接屏蔽层或外壳。 3. 线路接好后，可按顺时针方向转动摇把。摇动的速度应由慢而快，当转速达到每分钟 120 转左右时（ZC-25 型），保持匀速转动，1min 后读数，并且要边摇边读数，不能停下来读数。 4. 摇测时将兆欧表置于水平位置，摇把转动时其端钮间不许短路。摇动手柄应由慢渐快，若发现指针指零说明被测绝缘物可能发生了短路，这时就不能继续摇动手柄，以防表内线圈发热损坏。 5. 测量完毕，待将兆欧表停止转动和被测物体接地放电后（比如测量电容形设备的绝缘电阻时），方能拆除连接导线。 测量方法如下图，要求测量过程准确无误。

续表

序号	主要内容	操作要求						
3	测量结果	测量结果在允许误差范围之内：500 V 以下的中小型电动机最低应具有 2 MΩ 的绝缘电阻。						
		测试项目 R（MΩ）	A 与机座	B 与机座	C 与机座	A 与 B	B 与 C	A 与 C
			1 kMΩ 以上	1 kMΩ 以上	1 kMΩ 以上	1 kMΩ 以上	1 kMΩ 以上	1 kMΩ 以上
		是否合格	合格	合格	合格	合格	合格	合格
4	维护保养	对使用的仪器、仪表进行简单的维护保养：不能在设备带电的情况下测量绝缘电阻；禁止在雷电天气或在邻近带高压导体的设备处使用兆欧表测量；兆欧表使用时应放在平稳、牢固的地方，且远离大的外电流导体和外磁场，同时切忌放在污秽、潮湿的地面上；测量中，如设备指针指向 0，说明被测设备短路，应立即停止转动手柄						

安全要求：

（1）劳动保护用品穿戴整齐；（2）电工工具佩戴齐全；（3）遵守安全操作规程，注意安全；（4）接好线路后，必须经教师检查后才能接通电源进行操作和测量；（5）接线、拆线和改接线路时，都应先切断电源；（6）在操作过程中，应注意仪表和机器有无异常现象发生，如仪表的指针的指示是否正常，机器有无过热发臭，发怪声或冒火花等。如有这些现象，应立即切断电源进行检查；（7）培养单手操作习惯，手不要触及带电的金属部分。操作人员应该站在绝缘垫上操作或测量；（8）保持身体不与旋转部分接触（女生的长发应盘结起来）；（9）断开电路前，应尽可能把电流调到最小；（10）万一发生任何事故，应迅速断开本组的电源开关；（11）若导线不够长，需要两导线相接时，接头必须用电工胶布包好；（12）操作人员间保持一定距离。结束后要清理现场，实验仪器摆放整齐。

第五节　电气图的常用符号

电气图，也称电气控制系统图。图中必须根据国家标准，用统一的文字符号、图形符号及画法表达出来，以便设计人员及现场技术人员、维修人员识读。图形符号通常用于图样或其他文件，用以表示一个设备或概念的图形、标记或字符。图形符号含有符号要素、一般符号和限定符号。在电气图中，代表电动机、各种电器元件的图形符号和文字符号应按照我国已颁布的有关国家标准绘制。

常见电气图的国家标准包括：《电气图常用图形符号》（GB 4728—1985），《电气制图》（GB 6988—1986），《电气技术中的文字符号制订通则》（GB 7159—1987），《电气技术中的项目代号》（GB 5094—1985）等，下面给出了部分常用电气图形符号和文字符号。因为目前有些技术资料仍使用旧国标，所以表中给出了新、旧国标对照（表5、表6），以供参考。若需更详细的资料，请查阅最新国家标准。

表 5　部分常用电气图形符号和文字符号的新旧对照 I

名称		新标准		旧标准		名称		新标准		旧标准	
		图形符号	文字符号	图形符号	文字符号			图形符号	文字符号	图形符号	文字符号
一般三极电源开关			QS		K	接触器	线圈		KM		C
							主触头				
低压断路器			QF		UZ		常开辅助触头				
位置开关	常开触头		SQ		XK		常闭辅助触头				
	常闭触头					速度继电器	常开触头		KS		SDJ
	复合触头						常闭触头				
熔断器			FU		RD	时间继电器	线圈		KT		SJ
按钮	启动		SB		QA		常开延时闭合触头				
	停止				TA		常闭延时打开触头				
	复合				AN		常闭延时闭合触头				

表6 部分常用电气图形符号和文字符号的新旧对照 Ⅱ

名称		新标准		旧标准		名称	新标准		旧标准	
		图形符号	文字符号	图形符号	文字符号		图形符号	文字符号	图形符号	文字符号
时间继电器	常开延时打开触头		KT		SJ	桥式整流装置		VC		ZL
热继电器	热元件		FR		RJ	照明灯		EL		ZD
	常闭触头					信号灯		HL		XD
继电器	中间继电器线圈		KA		ZJ	电阻器		R		R
	欠电压继电器线圈		KV		QYJ	接插器		X		CZ
	过电流继电器线圈		KI		GLJ	电磁铁		YA		DT
	常开触头		相应继电器		相应继电器	电磁吸盘		YH		DX
	常闭触头					串励直流电动机				
	欠电流继电器线圈		KI	与新标准相同	QLJ	并励直流电动机		M		ZD
万能转换开关			SA	与新标准相同	HK	他励直流电动机				
制动电磁铁			YB		DT	复励直流电动机				
电磁离合器			YC		CH	直流发电机		G		ZF
电位器			RP	与新标准相同	W	三相鼠笼式异步电动机		M		D

第六节　电机基础知识

电机（Electric machinery，旧称"马达"）是指依据电磁感应定律实现电能转换或传递的一种电磁装置。在电路中用字母 M（旧标准用 D）表示。其主要作用是产生驱动转矩，作为用电器或各种机械的动力源。发电机在电路中用字母 G 表示，主要作用是利用机械能转换为电能。人们通常利用热能、水能、风能等推动发电机转子来发电。

电动机（Motor）是把电能转换成机械能的一种设备，常见实物如图 29 所示。它是利用通电线圈（也就是定子绕组）产生旋转磁场并作用于转子（如鼠笼式闭合铝框）形成磁电动力旋转扭矩。电动机按使用电源不同分为直流电动机和交流电动机，电力系统中的电动机大部分是交流电机，可以是同步电机或者是异步电机（电机定子磁场转速与转子转速不保持同步速）。电动机主要由定子与转子组成，通电导线在磁场中受力运动的方向跟电流方向和磁感线（磁场方向）方向有关。电动机工作原理是磁场对电流受力的作用，使电动机转动。

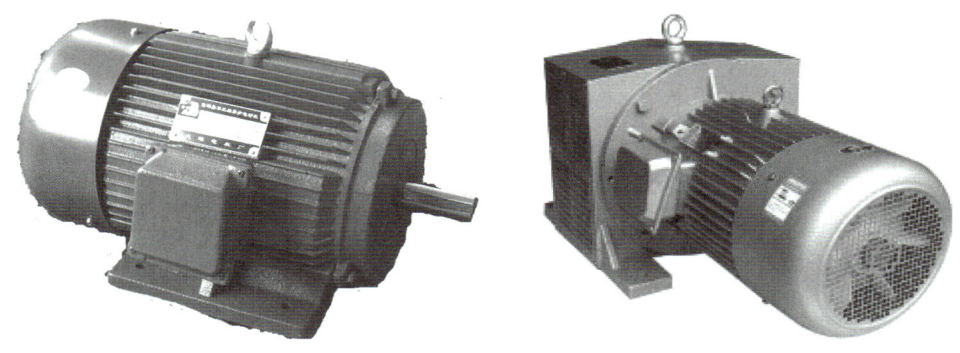

图 29　电动机实物图

1. 电动机分类

（1）按工作电源种类，电机可划分为直流电机和交流电机。① 直流电动机按结构及工作原理可划分为无刷直流电动机和有刷直流电动机。有刷直流电动机可划分为永磁直流电动机和电磁直流电动机。电磁直流电动机划分为串励直流电动机、并励直流电动机、他励直流电动机和复励直流电动机。永磁直流电动机划分为稀土永磁直流电动机、铁氧体永磁直流电动机和铝镍钴永磁直流电动机。② 交流电机还可划分单相电机和三相电机。

（2）按结构和工作原理可划分：直流电动机、异步电动机、同步电动机。① 同步电机可划分为永磁同步电动机、磁阻同步电动机和磁滞同步电动机。② 异步电机可划分为感应电动机和交流换向器电动机。感应电动机可划分为三相异步电动机、单相异步电动机和罩极异步电动机等。交流换向器电动机可划分单相串励电动机、交直流两用电动机和推斥电动机。

（3）按启动与运行方式可划分：电容启动式单相异步电动机、电容运转式单相异步电动机、电容启动运转式单相异步电动机和分相式单相异步电动机。

（4）按用途可划分：驱动用电动机和控制用电动机。① 驱动用电动机可划分：电动工具（包括钻孔、抛光、磨光、开槽、切割、扩孔等工具）用电动机、家电（包括洗衣机、电风扇、电冰箱、空调器、录音机、录像机、影碟机、吸尘器、照相机、电吹风、电动剃须刀等）用电动机及其他通用小型机械设备（包括各种小型机床、小型机械、医疗器械、电子仪器等）用电动机。② 控制用电动机又划分：步进电动机和伺服电动机等。

（5）按转子的结构可划分：笼型感应电动机（旧标准称为鼠笼型异步电动机）和绕线转子感应电动机（旧标准称为绕线型异步电动机）。

（6）按运转速度可划分：高速电动机、低速电动机、恒速电动机、调速电动机。低速电动机又分为齿轮减速电动机、电磁减速电动机、力矩电动机和爪极同步电动机等。调速电动机除可分为有级恒速电动机、无级恒速电动机、有级变速电动机和无级变速电动机外，还可分为电磁调速电动机、直流调速电动机、PWM 变频调速电动机和开关磁阻调速电动机。

异步电动机的转子转速总是略低于旋转磁场的同步转速。同步电动机的转子转速与负载大小无关而始终保持为同步转速。

2. 直流电机

（1）直流发电机工作原理。直流发电机的工作原理就是把电枢线圈中感应的交变电动势，靠换向器配合电刷的换向作用，使之从电刷端引出时变为直流电动势的原理。感应电动势的方向按右手定则确定（磁感线指向手心，大拇指指向导体运动方向，其他四指的指向就是导体中感应电动势的方向），常见实物如图 30 所示。

图 30　直流发电机实物图

（2）直流电动机工作原理。导体受力的方向用左手定则确定。这一对电磁力形成了作用于电枢一个力矩，这个力矩在旋转电机里称为电磁转矩，转矩的方向是逆时针方向，企图使电枢逆时针方向转动。如果此电磁转矩能够克服电枢上的阻转矩（如由摩擦引起的阻转矩以及其他负载转矩），电枢就能按逆时针方向旋转起来。直流电动机是依靠直流工作电压运行的电动机，广泛应用于收录机、录像机、影碟机、电动剃须刀、电子表、玩具等。

（3）电磁式直流电动机。电磁式直流电动机由定子磁极、转子（电枢）、换向器（俗称整流子）、电刷、机壳、轴承等构成，电磁式直流电动机的定子磁极（主磁极）由铁芯和励磁绕组构成。根据其励磁（旧标准称为激磁）方式的不同又可分为串励直流电动机、并励直流电动机、他励直流电动机和复励直流电动机。因励磁方式不同，定子磁极磁通（由定子磁极的励磁线圈通电后产生）的规律也不同。串励直流电动机的励磁绕组与转子绕组之间通过电刷和换向器相串联，励磁电流与电枢电流成正比，定子的磁通量随着励磁电流的增大而增大，转矩近似与电枢电流的平方成正比，转速随转矩或电流的增加而迅速下降。其启动转矩可达额定转矩的5倍以上，短时间过载转矩可达额定转矩的4倍以上，转速变化率较大，空载转速甚高（一般不允许其在空载下运行）。可通过用外用电阻器与串励绕组串联（或并联）、或将串励绕组并联换接来实现调速。

并励直流电动机的励磁绕组与转子绕组相并联，其励磁电流较恒定，启动转矩与电枢电流成正比，启动电流约为额定电流的2.5倍。转速则随电流及转矩的增大而略有下降，短时过载转矩为额定转矩的1.5倍。转速变化率较小，为5%~15%。可通过消弱磁场的恒功率来调速。

他励直流电动机的励磁绕组接到独立的励磁电源供电，其励磁电流也较恒定，启动转矩与电枢电流成正比，转速变化率也为5%~15%。可以通过消弱磁场恒功率来提高转速或通过降低转子绕组的电压来使转速降低。

复励直流电动机的定子磁极上除有并励绕组外，还装有与转子绕组串联的串励绕组（其匝数较少）。串联绕组产生磁通的方向与主绕组的磁通方向相同，启动转矩约为额定转矩的4倍，短时间过载转矩为额定转矩的3.5倍左右。转速变化率为5%~30%（与串联绕组有关）。转速可通过消弱磁场强度来调整。换向器的换向片使用银铜、镉铜等合金材料，用高强度塑料模压成型。电刷与换向器滑动接触，为转子绕组提供电枢电流。

电磁式直流电动机的电刷一般采用金属石墨电刷或电化石墨电刷。转子的铁芯采用硅钢片叠压而成，一般为12槽，内嵌12组电枢绕组，各绕组间串联接后，再分别与12片换向片连接。

（4）直流电动机的励磁方式。直流电机的励磁方式是指对励磁绕组如何供电、产生励磁磁通势而建立主磁场的问题。根据励磁方式的不同，直流电机可分为他励直流电机、并励直流电、串励直流电机、复励直流电机等。

（5）永磁式直流电动机。永磁式直流电动机也由定子磁极、转子、电刷、外壳等组成，定子磁极采用永磁体（永久磁钢），有铁氧体、铝镍钴、钕铁硼等材料。按其结构形式可分为圆筒形和瓦块形等几种，如图31所示。

图31　永磁式直流电动机实物图

转子一般采用硅钢片叠压而成，较电磁式直流电动机转子的槽数少。录放机中使用的小功率电动机多数为 3 槽，较高档的为 5 槽或 7 槽。漆包线绕在转子铁芯的两槽之间（三槽即有三个绕组），其各接头分别焊在换向器的金属片上。电刷是连接电源与转子绕组的导电部件，具备导电与耐磨两种性能。永磁电动机的电刷使用单性金属片或金属石墨电刷、电化石墨电刷。录放机中使用的永磁式直流电动机通常采用电子稳速电路或离心式稳速装置。

（4）无刷直流电动机，常见实物如图 32 所示。无刷直流电动机是采用半导体开关器件来实现电子换向的，即用电子开关器件代替传统的接触式换向器和电刷。它具有可靠性高、无换向火花、机械噪声低等优点，广泛应用于高档录音座、录像机、电子仪器及自动化办公设备中。

图 32 无刷直流电机实物图

无刷直流电动机由永磁体转子、多极绕组定子、位置传感器等组成。位置传感按转子位置的变化，沿着一定次序对定子绕组的电流进行换流（即检测转子磁极相对定子绕组的位置，并在确定的位置处产生位置传感信号，经信号转换电路处理后去控制功率开关电路，按一定的逻辑关系进行绕组电流切换）。定子绕组的工作电压由位置传感器输出控制的电子开关电路提供。位置传感器有磁敏式、光电式和电磁式三种类型。采用磁敏式位置传感器的无刷直流电动机，其磁敏传感器件（如霍尔元件、磁敏二极管、磁敏三极管、磁敏电阻器或专用集成电路等）装在定子组件上，用来检测永磁体、转子旋转时产生的磁场变化。采用光电式位置传感器的无刷直流电动机，在定子组件上按一定位置配置了光电传感器件，转子上装有遮光板，光源为发光二极管或小灯泡。转子旋转时，由于遮光板的作用，定子上的光敏元器件将会按一定频率间歇间生脉冲信号。采用电磁式位置传感器的无刷直流电动机，在定子组件上安装有电磁传感器部件（如耦合变压器、接近开关、LC 谐振电路等），当永磁体转子位置发生变化时，电磁效应将使电磁传感器产生高频调制信号（其幅值随转子位置而变化）。

① 直流无刷电动机的优越性。直流电动机具有响应快速、较大启动转矩、从零转速至额定转速具备可提供额定转矩性能，但直流电机优点也正是它的缺点，因为直流电机要产生额定负载下恒定转矩的性能，则电枢磁场与转子磁场须恒维持 90°，这就要借

助于由碳刷及整流子。碳刷及整流子在电机转动时会产生火花、碳粉因此除了会造成组件损坏之外，使用场合也受到限制。交流电机没有碳刷及整流子、免维护、坚固、应用广，但特性上若要达到相当于直流电机的性能须用复杂控制技术才能达到。现今半导体发展迅速，功率组件切换频率加快许多，提升了驱动电机的性能；微处理机速度亦越来越快，可实现将交流电机控制置于一旋转的两轴直交坐标系统中，适当控制交流电机在两轴电流分量，达到类似直流电机控制并有与直流电机相当的性能。

此外，已有很多微处理机将控制电机必需的功能做在芯片中，而且体积越来越小；像模拟/数字转换器（analog-to-digital converter，adc）、脉冲宽度调制（pulse wide modulator，pwm）等。直流无刷电机是以电子方式控制交流电机换相，既得到类似直流电机特性又没有直流电动机机构上缺失的一种应用。

② 直流无刷电动机的控制结构。直流无刷电动机是同步电机的一种，也就是说电机转子的转速受电机定子旋转磁场的速度及转子极数（p）影响：$n = 120 f / p$，式中 n 为电机转速，f 为电源频率。在转子极数固定的情况下，改变定子旋转磁场的频率就可以改变转子的转速。直流无刷电动机即是将同步电机加上电子式控制（驱动器），控制定子旋转磁场的频率并将电机转子的转速回授至控制中心反复校正，以期达到接近直流电机特性的方式。也就是说直流无刷电动机能够在额定负载范围内当负载变化时仍可以控制电机转子维持一定的转速。直流无刷驱动器包括电源部及控制部、电源部提供三相电源给电机，控制部则依需求转换输入电源频率。

电源部可以直接以直流电输入（一般为 24 V）或以交流电输入（110 V/220 V），如果输入是交流电就得先经转换器（converter）转成直流。不论是直流电输入或交流电输入要转入电机线圈前须先将直流电压由换流器转成三相电压来驱动电机。换流器（inverter）一般由六个功率晶体管（q1～q6）分为上臂（q1、q3、q5）/下臂（q2、q4、q6）连接电机作为控制流经电机线圈的开关。控制部则提供 pwm（脉冲宽度调制）决定功率晶体管开关频度及换流器换相的时机。直流无刷电机一般希望使用在当负载变动时速度可以稳定于设定值而不会变动太大的速度控制，所以电机内部装有能感应磁场的霍尔传感器（hall-sensor），作为速度之闭回路控制，同时也做为相序控制的依据。但这只是用来做为速度控制并不能拿来做为定值控制。

③ 直流无刷电动机的控制原理。要让电动机转动起来，首先控制部就必须根据 hall-sensor 感应到的电动机转子目前所在位置，然后依照定子绕线决定开启（或关闭）换流器中功率晶体管的顺序，使电流依序流经电动机线圈产生顺向（或逆向）旋转磁场，并与转子的磁铁相互作用，如此就能使电动机顺时/逆时转动。当电动机转子转动到 hall-sensor 感应出另一组信号的位置时，控制部又再开启下一组功率晶体管，如此循环电动机就可以依同一方向继续转动直到控制部决定要电动机转子停止则关闭功率晶体管（或只开下臂功率晶体管）；要电机转子反向则功率晶体管开启顺序相反。

3. 交流电动机

（1）交流异步电动机。交流异步电动机是领先交流电压运行的电动机，广泛应用于电风扇、电冰箱、洗衣机、空调器、电吹风、吸尘器、油烟机、洗碗机、电动缝纫机、食品加工机等家用电器及各种电动工具、小型机电设备中。交流电异步电动机分为感应电动机和交流换向器电动机。感应电动机又分为单相异步电动机、交直流两用电动机和推斥电动机。电机的转速（转子转速）小于旋转磁场的转速，从而叫作异步电机。它和感应电机基本上是相同的。$s=(n_s-n)/n_s$，式中 s 为转差率，n_s 为磁场转速，n 为转子转速。其基本原理是：① 当三相异步电机接入三相交流电源时，三相定子绕组流过三相对称电流产生的三相磁动势（定子旋转磁动势）并产生旋转磁场。② 该旋转磁场与转子导体有相对切割运动，根据电磁感应原理，转子导体产生感应电动势并产生感应电流。③ 根据电磁力定律，载流的转子导体在磁场中受到电磁力作用，形成电磁转矩，驱动转子旋转，当电动机轴上带机械负载时，便向外输出机械能。异步电机是一种交流电机，其负载时的转速与所接电网的频率之比不是恒定关系，且还随着负载的变化而发生变化。负载转矩越大，转子的转速越低。异步电机包括感应电机、双馈异步电机和交流换向器电机。感应电机应用最广，在不致引起误解或混淆的情况下，一般可称感应电机为异步电机。

普通异步电机的定子绕组接交流电网，转子绕组不需与其他电源连接。因此，它具有结构简单，制造、使用和维护方便，运行可靠以及质量较小，成本较低等优点。异步电机有较高的运行效率和较好的工作特性，从空载到满载范围内接近恒速运行，能满足大多数工农业生产机械的传动要求。异步电机还便于派生成各种防护类型，以适应不同环境条件的需要。异步电机运行时，必须从电网吸取无功励磁功率，使电网的功率因数变坏。因此，对驱动球磨机、压缩机等大功率、低转速的机械设备，常采用同步电机。由于异步电机的转速与其旋转磁场转速有一定的转差关系，其调速性能较差（交流换向器电动机除外）。对于要求较宽广和平滑调速范围的交通运输机械、轧机、大型机床、印染及造纸机械等，采用直流电机更为经济和方便。但随着大功率电子器件及交流调速系统的发展，目前适用于宽调速的异步电机的调速性能及经济性已可与直流电机的相媲美。

（2）单相异步电动机常见实物如图 33 所示。单相异步电动机由定子转子、轴承、机壳、端盖等构成。

图 33　单相异步电动机实物图

定子由机座和带绕组的铁芯组成。铁芯由硅钢片冲槽叠压而成，槽内嵌装两套空间互隔 90°电角度的主绕组（也称运行绕组）和辅绕组（也称启动绕组成副绕组）。主绕组接交流电源，辅绕组串接离心开关 S 或启动电容、运行电容等之后，再接入电源。转子为笼型铸铝转子，它是将铁芯叠压后用铝铸入铁芯槽中，并一起铸出端环，使转子导条短路成鼠笼形。单相异步电动机又分为单相电阻启动异步电动机，单相电容启动异步电动机、单相电容运转异步电动机和单相双值电容异步电动机。

（3）三相异步电动机。三相异步电动机的结构与单相异步电动机相似，其定子铁芯槽中嵌装三相绕组（有单层链式、单层同心式和单层交叉式三种结构）。定子绕组成接入三相交流电源后，绕组电流产生的旋转磁场，在转子导体中产生感应电流，转子在感应电流和气隙旋转磁场的相互作用下，又产生电磁转柜（即异步转柜），使电动机旋转。

（4）罩极式电动机常见实物如图 34 所示。罩极式电动机是单向交流电动机中最简单的一种，通常采用笼形斜槽铸铝转子。它根据定子外形结构的不同，又分为凸极式罩极电动机和隐极式罩极电动机。

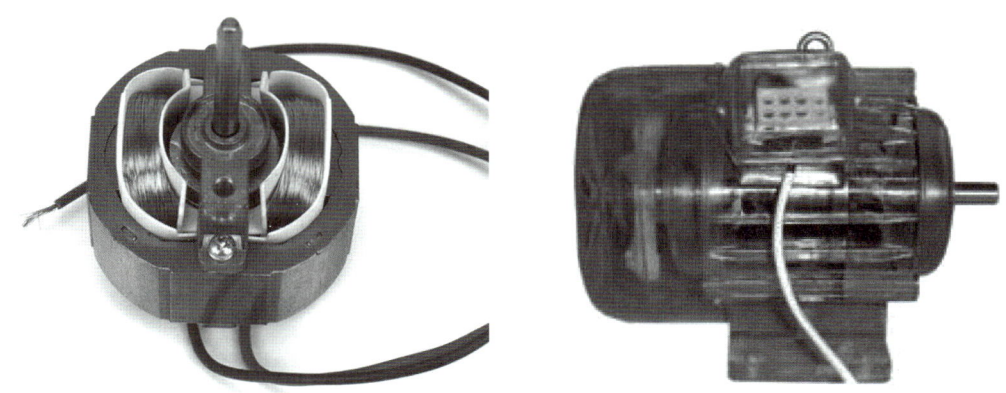

图 34　罩极式电动机实物图

凸极式罩极电动机的定子铁芯外形为方形、矩形或圆形的磁场框架，磁极凸出，每个磁极上均有 1 个或多个起辅助作用的短路铜环，即罩极绕组。凸极磁极上的集中绕组作为主绕组。隐极式罩极电动机的定子铁芯与普通单相电动机的铁芯相同，其定子绕组采用分布绕组，主绕组分布于定子槽内，罩极绕组不用短路铜环，而是用较粗的漆包线绕成分布绕组（串联后自行短路）嵌装在定子槽中（约为总槽数的 2/3），起辅助绕组的作用。主绕组与罩极绕组在空间形成一定角度。当罩极电动机的主绕组通电后，罩极绕组也会产生感应电流，使定子磁极被罩极绕组罩住部分的磁通与未罩部分向被罩部分的方向旋转。

（5）单相激励电动机。单相串励电动机的定子由凸极铁芯和励磁绕组组成，转子由隐极铁芯、电枢绕组、换向器及转轴等组成。励磁绕组与电枢绕组之间通过电刷和换向器形成串联回路。单相串励电动机属于交、直流两用电动机，它既可以使用交流电源工作，也可以使用直流电源工作。

4. 同步电机

同步电机和感应电机一样是一种常用的交流电机。其特点是稳态运行时，转子的转速和电网频率之间有不变的关系 $n = n_s = 60f/p$，n_s 为同步转速。若电网的频率不变，则稳态时同步电机的转速恒为常数而与负载的大小无关。同步电机分为同步发电机和同步电动机。现代发电厂中的交流电机以同步电机为主。

同步电机的工作原理是：① 主磁场的建立，励磁绕组通以直流励磁电流，建立极性相间的励磁磁场，即建立起主磁场。② 载流导体，三相对称的电枢绕组充当功率绕组，成为感应电势或者感应电流的载体。③ 切割运动，原动机拖动转子旋转（给电机输入机械能），极性相间的励磁磁场随轴一起旋转并顺次切割定子各相绕组（相当于绕组的导体反向切割励磁磁场）。④ 交变电势的产生，由于电枢绕组与主磁场之间的相对切割运动，电枢绕组中将会感应出大小和方向按周期性变化的三相对称交变电势。通过引出线，即可提供交流电源。⑤ 交变性与对称性，由于旋转磁场极性相间，使得感应电势的极性交变；由于电枢绕组的对称性，保证了感应电势的三相对称性。

（1）交流同步电机。交流同步电动机是一种恒速驱动电动机，其转子转速与电源频率保持恒定的比例关系，被广泛应用于电子仪器仪表、现代办公设备、纺织机械等。

（2）永磁同步电机。永磁同步电动机属于异步启动永磁同步电动机，其磁场系统由一个或多个永磁体组成，通常是在用铸铝或铜条焊接而成的笼形转子的内部，按所需的极数装镶有永磁体的磁极。定子结构与异步电动机类似。当定子绕组接通电源后，电动机启动，加速运转至同步转速时，由转子永磁磁场和定子磁场产生的同步电磁转矩（由转子永磁磁场产生的电磁转矩与定子磁场产生的磁阻转矩合成）将转子牵入同步，电动机进入同步运行。磁阻同步电动机也称反应式同步电动机，是利用转子交轴和直轴磁阻不等而产生磁阻转矩的同步电动机，其定子与异步电动机的定子结构类似，只是转子结构不同。

（3）磁阻同步电机。同笼型异步电动机演变来的，为了使电动机能产生异步启动转矩，转子还设有笼形铸铝绕阻。转子上开设有与定子极数相对应的反应槽（仅有凸极部分的作用，无励磁绕组和永久磁铁），用来产生磁阻同步转矩。根据转子上反应槽的结构的不同，其可分为内反应式转子、外反应式转子和内外反应式转子。反应式转子的内部开有沟槽，使交轴方向磁通受阻，磁阻加大。内外反应式转子结合以上两种转子的结构特点，直轴与交轴差别较大。磁阻同步电动机也分为单相电容运转式、单相电容启动式、单相双值电容式等多种类型。

（4）磁滞同步电机。磁滞同步电动机是利用磁滞材料产生磁滞转矩而工作的同步电动机。它分为内转子式磁滞同步电动机、外转子式磁滞同步电动机和单相罩极式磁滞同步电动机。内转子式磁滞同步电动机的转子结构为隐极式，外观为光滑的圆柱体，转子上无绕组，但铁芯外圆上有用磁滞材料制成的环状有效层。定子绕组接通电源后，产生的旋转磁场使磁滞转子产生异步转矩而启动旋转，随后自行牵入同步运转状态。在电动机异步运行时，定子旋转磁场以转差频率反复地磁化转子；在同步运行时，转子上的磁滞材料被磁化而出现了永磁磁极，从而产生同步转矩。软启动器采用三相反并联晶闸管作为调压器，将其接入电源和电动机定子之间。这种电路如三相全控桥式整流电路。使用软启动器启动电动机时，晶闸管的输出电压逐渐增加，电动机逐渐加速，直到晶闸管全导通，电动机工作在额定电压的机械特性上，实现平滑启动，降低启动电流，避免启动过流跳闸。待电机达到额定转数时，启动过程结束，软启动器自动用旁路接触器取代已完成任务的晶闸管，为电动机正常运转提供额定电压，以降低晶闸管的热损耗，延长软启动器的使用寿命，提高其工作效率，又使电网避免了谐波污染。软启动器同时还提供软停车功能，软停车与软启动过程相反，电压逐渐降低，转数逐渐下降到零，避免自由停车引起的转矩冲击。

5. 减速电机

减速电机是指减速机和电机（马达）的集成体，这种集成体通常也可称为齿轮马达或齿轮电机。通常由专业的减速机生产厂进行集成组装好后成套供货。减速电机广泛应用于钢铁行业、机械行业等。使用减速电机的优点是简化设计、节省空间。其优点包括：① 减速电机结合国际技术要求制造，具有很高的科技含量。② 节省空间，可靠耐用，承受过载能力高，功率可达 95 kW 以上。③ 能耗低，性能优越，减速机效率高达 95%以上。④ 振动小，噪声低，节能，选用优质锻钢材料，刚性铸铁箱体，齿轮表面经过高频热处理。⑤ 经过精密加工，确保定位精度，这一切构成了齿轮传动总成的齿轮减速电机配置了各类电机，形成了机电一体化，完全保证了产品使用质量特征。⑥ 产品采用了系列化、模块化的设计思想，有广泛的适应性。

减速电机产品有极其多的电机组合、安装位置和结构方案，可按实际需要选择任意转速和各种结构形式。减速电机一般为：① 大功率齿轮减速电机；② 同轴式斜齿轮减速电机；③ 平行轴斜齿轮减速电机；④ 螺旋锥齿轮减速电机；⑤ YCJ 系列齿轮减速电机。减速电机广泛应用于冶金、矿山、起重、运输、水泥、建筑、化工、纺织、印染、制药等多种工况的减速传动机构。

6. 变频电机

变频技术实际是利用了电机控制学原理，通过所谓的变频器，对电机实现控制的。用于此类控制的电机称作变频电机。常见的变频电机包括三相异步电机、直流无刷电机、交流无刷电机及开关磁阻电机等。变频电机的控制策略为：基速下恒转矩控制、基速以上恒功率控制、超高速范围弱磁控制。

（1）基速。由于电机运转时会产生反电动势，而反电动势的大小通常与转速成正比。因此当电机运转到一定速度时，由于反电动势大小与外加电压大小相同，此时的速度称为基速。

（2）恒转矩控制。电机在基速下，进行恒转矩控制。此时电机的反电动势 E 与电机的转速成正比。又电机的输出功率与电机的转矩及转速乘积成正比，因此此时电机功率与转速成正比。

（3）恒功率控制。当电机超过基速后，通过调节电机励磁电流来使电机的反电动势基本保持恒定，以此提高电机的转速。此时，电机的输出功率基本保持恒定，但电机转矩与转速成反比例下降。

（4）弱磁控制。当电机转速超过一定数值后，励磁电流已经相当小，基本不能再调节，此时进入弱磁控制阶段。

电动机的调速与控制，是工农业各类机械及办公、民生电器设备的基础技术之一。随着电力电子技术、微电子技术的惊人发展，采用"专用变频感应电动机＋变频器"的交流调速方式，正在以其卓越的性能和经济性，在调速领域，引导了一场取代传统调速方式的更新换代的变革。它给各行各业带来的福音在于：使机械自动化程度和生产效率大为提高、节约能源、提高产品合格率及产品质量、电源系统容量相应提高、设备小型化、增加舒适性，目前正以很快的速度取代传统的机械调速和直流调速方案。由于变频电源的特殊性，以及系统对高速或低速运转、转速动态响应等需求，对作为动力主体的电动机，提出了苛刻的要求，给电动机带来了在电磁、结构、绝缘各方面新的课题。变频电机的应用。变频调速目前已经成为主流的调速方案，广泛应用于多种行业的无级变速传动场景。特别是随着变频器在工业控制领域内日益广泛应用，变频电机的使用也日益广泛起来，可以这样说由于变频电机在变频控制方面较普通电机的优越性，凡是用到变频器的地方我们都不难看到变频电机的身影。

7. 直线电机

机床上传统的"旋转电机＋滚珠丝杠"进给传动方式，由于受自身结构的限制，在进给速度、加速度、快速定位精度等方面很难有突破性提高，已无法满足超高速切削、超精密加工对机床进给系统伺服性能提出的更高要求。直线电机将电能直接转换成直线运动机械能，不需要任何中间转换机构的传动装置。其具有启动推力大、传动刚度高、动态响应快、定位精度高、行程长度不受限制等优点。在机床进给系统中，采用直线电动机直接驱动与原旋转电机传动的最大区别是取消了机械传动环节，把机床进给传动链的长度缩短为零，因而这种传动方式又被称为"零传动"。正是由于这种"零传动"方式，带来了原旋转电机驱动方式无法达到的性能指标和优点。

（1）高速响应。由于系统中直接取消了一些响应时间常数较大的机械传动件（如丝杠等），使整个闭环控制系统动态响应性能大大提高，反应异常灵敏快捷。

（2）精度。直线驱动系统取消了由于丝杠等机械机构产生的传动间隙和误差，减少了插补运动时因传动系统滞后带来的跟踪误差。通过直线位置检测反馈控制，即可大大提高机床的定位精度。

（3）传动刚度高由于"直接驱动"，避免了启动、变速和换向时因中间传动环节的弹性变形、摩擦磨损和反向间隙造成的运动滞后现象，同时也提高了其传动刚度。

（4）速度快、加减速过程短。由于直线电动机最早主要用于磁悬浮列车（时速可达 500 km/h），所以用在机床进给驱动中，要满足其超高速切削的最大进给速度（要求达 60～100 m/min 或更高）当然是没有问题的。也由于上述"零传动"的高速响应性，使其加减速过程大大缩短。以实现启动时瞬间达到高速，高速运行时又能瞬间暂停。可获得较高的加速度，一般可达 2～10 g（g＝9.8 m/s^2），而滚珠丝杠传动的最大加速度一般只有 0.1～0.5 g。

（5）行程长度不受限制在导轨上通过串联直线电机，就可以无限延长其行程长度。

（6）运行安静、噪声低。由于取消了传动丝杠等部件的机械摩擦，且导轨又可采用滚动导轨或磁垫悬浮导轨（无机械接触），其运动时噪声将大大降低。

（7）效率高。由于无中间传动环节，消除了机械摩擦时的能量损耗，传动效率大大提高。

8. 三相异步电动机的安装准备

（1）开箱后应仔细清除电机上的尘土及轴伸部位的防锈层，同时注意不要损伤各结合部位的密封。

（2）检查电机铭牌数据是否符合要求，并应特别注意出厂日期，仔细检查电机在运输过程中有无变形或损坏，紧固件是否松动或脱落，并盘车转动电机是否灵活。如果电机的储存时间超过一年，应仔细检查轴承和轴承位有无锈蚀。对于脂润滑的滚动轴承应更换润滑脂。

（3）核查电机实际外形安装尺寸与随机外形安装图是否吻合，与主机是否符合，备品配件是否齐全。

（4）绕线式电动机需除掉导电滑环（集电环）上的塑料薄膜保护层，并检查滑环上的碳刷装置及各滑环和碳刷上的导电线是否短路和松动，并将导电滑环上的防锈油清除干净，避免电机运行时打火。

（5）安装前安装人员必须熟悉制造厂所供给的随机技术文件：如产品说明书，装箱单、随机外形图等技术文件。

（6）检查并调整基础高度及平面度，校对地脚螺孔的位置和尺寸。

（7）开始安装前应校正对起重设备的容量，是否足够对最重件的起吊，并且起吊方法也应预先加以考虑。

（8）安装前应充分考虑电机的安装次序及在安装过程中。各阶段所用工具、量具及辅助材料等。

9. 三相异步电动机的基本结构

三相异步电动机的结构，由定子、转子和其他附件组成。电动机接线盒内的接线。电动机接线盒内都有一块接线板，三相绕组的六个线头排成上下两排，并规定上排三个接线桩自左至右排列的编号为 1（U1）、2（V1）、3（W1），下排三个接线桩自左至右排列的编号为 6（W2）、4（U2）、5（V2），将三相绕组接成星形接法或三角形接法。凡制造和维修时均应按这个序号排列。

（1）定子（静止部分）。定子铁芯的作用是电机磁路的一部分，并在其上放置定子绕组。其构造是定子铁芯一般由 0.35~0.5 mm 厚表面具有绝缘层的硅钢片冲制、叠压而成，在铁芯的内圆冲有均匀分布的槽，用以嵌放定子绕组。定子铁芯槽型有以下几种：① 半闭口型槽：电动机的效率和功率因数较高，但绕组嵌线和绝缘都较困难。一般用于小型低压电机中。半开口型槽：可嵌放成型绕组，一般用于大中型低压电机。所谓成型绕组即绕组可事先经过绝缘处理后再放入槽内。② 开口型槽：用以嵌放成型绕组，绝缘方法方便，主要用在高压电机中。

（2）定子绕组。其作用是电动机的电路部分，通入三相交流电，产生旋转磁场。构造是由三个在空间互隔 120°、对称排列的结构完全相同绕组连接而成，这些绕组的各个线圈按一定规律分别嵌放在定子各槽内。定子绕组的主要绝缘项目有以下三种（保证绕组的各导电部分与铁芯间的可靠绝缘以及绕组本身间的可靠绝缘）：① 对地绝缘，定子绕组整体与定子铁芯间的绝缘；② 相间绝缘，各相定子绕组间的绝缘；③ 匝间绝缘，相定子绕组各线匝间的绝缘。

（3）机座。其作用是固定定子铁芯与前后端盖以支撑转子，并起防护、散热等作用。其机座通常为铸铁件，大型异步电动机机座一般用钢板焊成，微型电动机的机座采用铸铝件。封闭式电机的机座外面有散热筋以增加散热面积，防护式电机的机座两端端盖开有通风孔，使电动机内外的空气可直接对流，以利于散热。

（4）转子（旋转部分）。① 三相异步电动机的转子铁芯。其作用是作为电机磁路的一部分以及在铁芯槽内放置转子绕组。其构造所用材料与定子一样，由 0.5 mm 厚的硅钢片冲制、叠压而成，硅钢片外圆冲有均匀分布的孔，用来安置转子绕组。通常用定子铁芯冲落后的硅钢片内圆来冲制转子铁芯。一般小型异步电动机的转子铁芯直接压装在转轴上，大、中型异步电动机（转子直径在 300 ~ 400 mm 以上）的转子铁芯则借助转子支架压在转轴上。

（5）三相异步电动机的转子绕组。其作用是切割定子旋转磁场产生感应电动势及电流，并形成电磁转矩而使电动机旋转。其构造分为鼠笼式转子和绕线式转子。① 鼠笼式转子，转子绕组由插入转子槽中的多根导条和两个环形端环组成。如果去掉转子铁芯，整个绕组的外形就像一个鼠笼，因此被称为笼型绕组。小型笼型电动机采用铸铝转子绕组，对于 100 kW 以上的电动机采用铜条和铜端环焊接而成。② 绕线式转子，绕线转子绕组与定子绕组相似，也是一个对称的三相绕组，一般接成星形，三个出线头接到转轴的三个集流环上，再通过电刷与外电路连接。③ 其特点是结构较复杂，故绕线式电动机的应用不如鼠笼式电动机广泛。但通过集流环和电刷在转子绕组回路中串入附加电阻等元件，用以改善异步电动机的起、制动性能及调速性能，故在要求一定范围内进行平滑调速的设备，如吊车、电梯、空气压缩机等上面采用。

（6）三相异步电动机的其他附件：① 端盖，作用是支撑；② 轴承，作用是连接转动部分与不动部分。③ 轴承端盖，作用是保护轴承；④ 风扇，作用是冷却电动机。

直流电动机采用八角形全叠片结构，不仅空间利用率高，当采用静止整流器供电时，能承受脉动电流和快速的负载电流变化。直流电动机一般不带串励绕组，适用于需要正、反电动机转的自动控制技术中（根据需要也可以制成带串励绕组）。中心高 100 ~ 280 mm 的电动机无补偿绕组，但中心高 250 mm、280 mm 的电动机根据具体情况和需要可以制成带补偿绕组，中心高 315 ~ 450 mm 的电动机带有补偿绕组。中心高 500 ~ 710 mm 的电动机外形安装尺寸及技术要求均符合 IEC 国际标准，电机的机械尺寸公差符合 ISO 国际标准。

10. 三相异步电动机启动前检查

（1）新的或长期停用的电机，使用前应检查绕组间和绕组对地绝缘电阻。通常对 500 V 以下的电机用 500 V 绝缘电阻表；对 500 ~ 1 000 V 的电机用 1 000 V 绝缘电阻表；对 1 000 V 以上的电机用 2 500 V 绝缘电阻表。绝缘电阻每千伏工作电压不得小于 1 MΩ，并应在电机冷却状态下测量。

（2）检查电机的外表有无裂纹，各紧固螺钉及零件是否齐全，电机的固定情况是否良好。

（3）检查电机传动机构的工作是否可靠。

（4）根据铭牌所示数据，如电压、功率、频率、联结、转速等与电源、负载比较是否相符。

（5）检查电机的通风情况，检查轴承润滑是否正常。

（6）扳动电机转轴，检查转子能否自由转动，转动时有无杂声。

（7）检查电机的电刷装配情况及举刷机构是否灵活，举刷手柄的位置是否正确。

（8）检查电机接地装置是否可靠。

11. 行业标准

《旋转电机冷却方法》（GB/T 1993—1993）；《起重冶金和屏蔽电机安全要求》（GB 20237—2006）；《电工术语 旋转电机》（GB/T 2900.25—2008）；《电工术语 控制电机》（GB/T 2900.26—2008）；《电机产品型号编制方法》（GB 4831—1984）；《电机功率等级》（GB 4826—1984）；《牵引电机基本试验方法》（JB/T 1093—1983）。

12. 各种电机的主要用途

（1）伺服电动机。伺服电动机广泛应用于各种控制系统中，能将输入的电压信号转换为电机轴上的机械输出量，拖动被控制元件，从而达到控制目的。伺服电动机有直流和交流之分，最早的伺服电动机是一般的直流电动机，在控制精度不高的情况下，才采用一般的直流电机做伺服电动机。目前的直流伺服电动机从结构上讲，就是小功率的直流电动机，其励磁多采用电枢控制和磁场控制，但通常采用电枢控制。

（2）步进电动机。步进电动机主要应用在数控机床制造领域，由于步进电动机不需要 A/D 转换，能够直接将数字脉冲信号转化成为角位移，所以一直被认为是最理想的数控机床执行元件。除了在数控机床上的应用，步进电机也可以用在其他的机械上，比如作为自动送料机中的马达，作为通用的软盘驱动器的马达，也可以应用在打印机和绘图仪中。

（3）力矩电动机。力矩电动机具有低转速和大力矩的特点。一般在纺织工业中经常使用交流力矩电动机，其工作原理和结构和单相异步电动机的相同。

（4）开关磁阻电动机。开关磁阻电动机是一种新型调速电动机，结构极其简单且坚固，成本低，调速性能优异，是传统控制电动机强有力竞争者，具有强大的市场潜力。

（5）无刷直流电动机。无刷直流电动机的机械特性和调节特性的线性度好，调速范围广，寿命长，维护方便噪声小，不存在因电刷而引起的一系列问题，所以这种电动机在控制系统中有很大的应用。

（6）直流电动机。直流电动机具有调速性能好、启动容易、能够载重启动等优点，所以目前直流电动机的应用仍然很广泛，尤其在可控硅直流电源出现以后。

（7）异步电动机。异步电动机具有结构简单，制造、使用和维护方便，运行可靠以及质量较小，成本较低等优点。异步电动机主要广泛应用于驱动机床、水泵、鼓风机、压缩机、起重卷扬设备、矿山机械、轻工机械、农副产品加工机械等大多数工农生产机械以及家用电器和医疗器械等。在家用电器中应用比较多，如电扇、电冰箱、空调、吸尘器等。

（8）同步电动机。步电动机主要用于大型机械，如鼓风机、水泵、球磨机、压缩机、轧钢机以及小型、微型仪器设备或者充当控制元件。其中三相同步电动机是其主体。此外，其还可以作为调相机使用，向电网输送电感性或电容性无功功率。

13. 日常维护

专业电机保养维修中心电机保养流程是清洗定转子→更换碳刷或其他零部件→真空F级压力浸漆→烘干→校动平衡。

（1）使用环境应经常保持干燥，电动机表面应保持清洁，进风口不应受尘土、纤维等阻碍。

（2）当电动机的热保护连续发生动作时，应查明故障来自电动机还是超负荷或保护装置整定值太低，消除故障后，方可投入运行。

（3）应保证电动机在运行过程中良好的润滑。一般的电动机运行 5 000 h 左右，即应补充或更换润滑脂，运行中发现轴承过热或润滑变质时，应及时换润滑脂。更换润滑脂时。应清除旧的润滑油，并用汽油洗净轴承及轴承盖的油槽，然后将 ZL-3 锂基脂填充轴承内外圈之间的空腔的 1/2（对 2 极）及 2/3（对 4、6、8 极）。

（4）当轴承的寿命终了时，电动机运行的振动及噪声将明显增大，检查轴承的径向游隙达到下列值时，即应更换轴承。

（5）拆卸电动机时，从轴伸端或非伸端取出转子都可以。如果没有必要卸下风扇。还是从非轴伸端取出转子较为便利，从定子中抽出转子时，应防止损坏定子绕组绝缘。

（6）更换绕组时必须记下原绕组的形式，尺寸及匝数，线规等。若遗失了这些数据，应及时向制造厂索取；随意更改原设计绕组，会导致电动机某项或多项性能恶化，甚至无法使用。

14. 电机保护器

电机保护器的作用是给电机全面的保护，在电机出现过载、缺相、堵转、短路、过压、欠压、漏电、三相不平衡、过热、轴承磨损、定转子偏心时，予以报警或保护的装置。

（1）保护器常识。

① 由于绝缘技术的不断发展以及市场对电机小型轻量化需要，新型电机的热容量越来越小，过负荷能力越来越弱；生产自动化程度的提高，要求电机经常运行在频繁的启动、制动、正反转以及变负荷等多种方式，加上电机的应用面越来越广，且常被应用于环境极为恶劣的场合，如潮湿、高温、多尘、腐蚀等。以上种种，造成了现在的电机比过去更容易损坏，常出现的故障包括过载、短路、缺相、扫膛等。

② 传统的保护装置保护效果不甚理想，传统的电机保护装置以热继电器为主，但热继电器灵敏度低、误差大、稳定性差，保护不可靠。事实也是这样，尽管许多设备安装了热继电器，但电机损坏而影响正常生产的现象仍普遍存在。

③ 电机保护的发展现状，目前电机保护器已由过去的机械式发展为电子式和智能型，可直接显示电机的电流、电压、温度等参数，灵敏度高，可靠性高，功能多，调试方便，保护动作后故障种类一目了然，既减少了电机的损坏，又极大方便了故障的判断，有利于生产现场的故障处理和缩短恢复生产时间。另外，利用电机气隙磁场进行电机偏心检测技术，使电机磨损状态在线监测成为可能，通过曲线显示电机偏心程度的变化趋势，可早期发现轴承磨损和走内圆、走外圆等故障，做到早发现，早处理，避免扫膛事故发生。

④ 保护器选择的原则，合理选用电机保护装置，实现既能充分发挥电机的过载能力，又能免于损坏，从而提高电力拖动系统的可靠性和生产的连续性。理想的电机保护器不是功能最多或最先进的，而是应该贴合现场实际需求，实现经济性和可靠性的统一，具有较高的性能价格比。根据现场的实际情况合理地选择保护器的种类、功能，同时考虑保护器安装、调整、使用简单方便，更重要的是要选择高质量的保护器。

（2）电机保护器选型。

选型基本原则是应充分考虑电机保护实际需求，合理选择保护功能和保护方式，才能达到良好的保护效果，达到提高设备运行可靠性，减少非计划停车，减少事故损失的目的。

选型的基本方法：一是考虑与选型有关的条件，二是常见类型，三是保护器类型的选择。

选型条件：① 电机参数，要先了解电机的规格型号、功能特性、防护类型、额定电压、额定电流、额定功率、电源频率、绝缘等级等。这些内容基本能给用户正确选择保护器提供了参考依据。② 环境条件，主要指常温、高温、高寒、腐蚀度、震动度、风沙、海拔、电磁污染等。③ 电机用途，主要指拖动机械设计特点，如风机、水泵、空压机、车床、油田抽油机等不同的负载机械特性。④ 控制方式，控制模式有手动、自动、就地控制、远程控制、单机独立运行、生产线集中控制等情况。启动方式有直接、降压、星角、频敏变阻器、变频器、软启动等。⑤ 其他方面，用户对现场生产监护管理情况，非正常性的停机对生产影响的严重程度等。与保护器的选用相关的因素还有很多，如安装位置、电源情况、配电系统情况等；还要考虑是对新购电机配置保护，还是对电机保护升级，还是对事故电机保护的完善等；还要考虑电机保护方式改变的难度和对生产影响程度；需根据现场实际工作条件综合考虑保护器的选型和调整。

常见类型：① 热继电器，普通小容量交流电机，工作条件良好，不存在频繁启动等恶劣工况的场合；由于精度较差，可靠性不能保证，不推荐使用。② 电子型，检测三相电流值，整定电流值采用电位器或拨码开关，电路一般采用模拟式，采用反时限或定时限工作特性。保护功能包括过载、缺相、堵转等，故障类型采用指示灯显示，运行电量采用数码管显示。③ 智能型，检测三相电流值，保护器使用单片机，实现电机智能化综合保护，集保护、测量、通讯、显示为一体。整定电流采用数字设定，通过操作面板按钮来操作，用户可以根据电机具体情况在现场对各种参数进行修正设定；采用数码管作为显示窗口或采用大屏幕液晶显示，能支持多种通讯协议，如ModBUS、ProfiBUS等。目前高压电机保护均采用智能型保护装置。④ 热保护型，在电机中埋入热元件，根据电动机绕组的温度进行保护，保护效果好；但电机容量较大时，需与电流监测型配合使用，避免电机堵转时温度急剧上升时，由于测温元件的滞后性，导致电机绕组受损。⑤ 磁场温度检测型，在电机中埋入磁场检测线圈和测温元件，根据电机内部旋转磁场的变化和温度的变化进行保护，主要功能包括过载、堵转、缺相、过热保护和磨损监测，保护功能完善，缺点是需在电机内部安装磁场检测线圈和温度传感器。

保护器类型的选择：① 对于工作条件要求不高、操作控制简单，停机对生产影响不大的单机独立运行电机，可选用普通型保护器，因普通型保护器结构简单，在现场安装接线、替换方便，操作简单，具有性价比高等特点。② 对于工作条件恶劣，对可靠性要求高，特别是涉及自动化生产线的电动机，应选用中高档、功能较全的智能型保护器。③ 对于防爆电机，由于轴承磨损造成偏心，可能导致防爆间隙处摩擦出现高温，产生爆炸危险，应选择磨损状态监测功能。对于大容量高压潜水泵等特殊设备，由于检查维护困难，也应选择磨损状态监测功能，同时监测轴承的温度，避免发生扫膛事故造成重大经济损失。④ 应用于有防爆要求场所的保护器，要根据应用现场的具体要求，选用相应的防爆型保护器，避免安全事故发生。

15. 常见故障检修

在家用电器设备中，如电扇、电冰箱、洗衣机、抽油烟机、吸尘器等，其工作动力均采用单相交流电动机。这种电动机结构较简单，因此有些常见故障可在业余条件下进行修复。

（1）电动机通电后不启动。

该故障除了电源回路、电机绕组不良外，大多是电机的启动电路异常。电扇、排风扇、洗衣机等电机一般采用电容器启动运转；而电冰箱、冷柜等的电机多采用电阻分相启动运转，一旦启动电路中的电容器或分相电阻损坏，电机就不能正常运转，检修时应先排除启动电路故障后再排查电机故障。对于电冰箱压缩机电机，正常情况下启动绕组的电阻值约为 23 Ω，运行绕组的电阻值约为 10 Ω，启动和运行串接绕组的正常阻值应为两者之和。

（2）电动机转速慢而无力。

电动机在通电后转速慢而无力时，对于电容启动式电机大多为电容器容量不足、漏电严重或电源电压过低；此外鼠笼转子铝条部分如果有严重的缺损及断条情况，特别是洗衣机电机经常启动和正反交替运转，转子铝条较大的感应电流易使转子铝条断裂，也导致运转慢而无力。当发现铝条有裂缝时，可用手电钻在裂缝间钻一个小孔，用相应的铝丝条嵌入孔内，然后将其敲平铆死，最后用钢锉和砂纸打磨平整光滑即可。若铝条断裂面较大时，有条件的可采用铝丝气焊的方法加以修补。

（3）电动机外壳带电。

一般要求电机泄漏电流不应大于 0.8 mA，以保证人身安全。电动机外壳漏电的主要原因有电机内某引出线绝缘破损并碰触壳体；电机绕组局部烧毁引起定子与外壳间漏电。较多见的是长期处于高湿环境，导致电机受潮绝缘降低而使机壳带电。此时，可用摇表测量电机各绕组与机壳间的绝缘电阻值，若在 2 MΩ以下，则说明电机已受潮严重，应将电机定子绕组进行烘烤去潮处理。

（4）电动机运转时温升加剧。

各类家用单相电动机在正常工作状态下，其电机壳体表面温度一般比环境温度高20 ℃左右，最高温升不应高于70 ℃。如果电机工作几分钟后出现壳体表面温度剧升，且机内散发焦油味甚至冒烟，则可能是电机过热故障。电机过热的原因，主要有电机自身质量问题、电机长期处于超负荷运行状态（传动机构故障引起电机负荷大）、电机散热条件差、电机绕组局部短路等。其中较常见的是绕组匝间短路，可拆开机壳检查绕组。如果线包无烧毁现象，可将定子重新进行浸漆绝缘处理，然后烘干。若线包有局部烧毁，那只有更换绕组线包。

（5）电动机运行噪声大。

电机工作噪声大一般有两种原因：一是机械噪声，主要是电机轴承磨损和缺油，产生硬摩擦噪声。对此可清洗后加入润滑脂减少噪声。当转子轴与轴承松动或端盖松动时，也会使电机在旋转时产生轴向窜动发出噪声。也有一些装配质量差的电机，轴承室不同心，电机径向间隙不均匀等均会产生异常噪声。对此，只要拆下外盖和后内盖，取出转子和定子座，重新敲铆内盖的中心轴即可应急修复。另外，一些罩极式电机的短路环松动或铁芯松动而产生电磁噪声，应采取夹紧措施。

（6）其他方面故障。

工业用电机在长期运行过程中，受应力所致常会出现磨损类故障：如减速机的连接器传递扭矩较大，法兰面上的连接孔磨损造成的传递扭矩不平稳；电机轴承损坏后，造成的轴承位磨损；轴头、键槽间的磨损等。这类问题发生后，传统方法多以补焊或刷镀后机加工修复为主。目前以非金属修复金属的方法主要是高分子复合材料修复。材料具有超强的黏着力，优异的抗压强度等综合性能，应用高分子复合材料修复，既无补焊热应力影响，修复厚度也不受限制，同时产品所具有的金属材料不具备的退让性，可吸收设备的冲击震动，避免再次磨损的可能，并延长了设备部件的使用寿命，为企业节省大量的停机时间，创造巨大的经济价值。

第七节　变压器基础知识

变压器（Transformer）是利用电磁感应的原理来改变交流电压的装置，主要构件是初级线圈、次级线圈和铁芯（磁芯），常见实物如图35所示。其主要功能有：电压变换、电流变换、阻抗变换、隔离、稳压（磁饱和变压器）等。变压器按用途可以分为配电变压器、电力变压器、全密封变压器、组合式变压器、干式变压器、油浸式变压器、单相变压器、电炉变压器、整流变压器、电抗器、抗干扰变压器、防雷变压器、箱式变电器试验变压器、转角变压器、大电流变压器、励磁变压器等。

1. 原理

变压器是利用电磁感应的原理来改变交流电压的装置，主要构件是初级线圈、次级线圈和铁芯（磁芯）。在电器设备和无线电路中，常用作升降电压、匹配阻抗、安全隔离等。在发电机中，不管是线圈运动通过磁场或磁场运动通过固定线圈，均能在线圈中感应电势。此两种情况，磁通的值均不变，但与线圈相交联的磁通数量却有变动，这是互感应的原理。变压器就是一种利用电磁互感应变换电压、电流和阻抗的器件。

图35　变压器实物图

2．组成

变压器组成部件包括器身（铁芯、绕组、绝缘、引线）、变压器油、油箱和冷却装置、调压装置、保护装置（吸湿器、安全气道、气体继电器、储油柜及测温装置等）和出线套管。具体组成及功能。

（1）铁芯。

铁芯是变压器中主要的磁路部分。通常由含硅量较高，厚度分别为 0.35 mm、0.3 mm、0.27 mm，表面涂有绝缘漆的热轧或冷轧硅钢片叠装而成。铁芯分为铁芯柱和横片两部分，铁芯柱套有绕组，横片作闭合磁路之用。

（2）绕组。

绕组是变压器的电路部分，它是用双丝包绝缘扁线或漆包圆线绕成。变压器的基本原理是电磁感应原理，现以单相双绕组变压器为例说明其基本工作原理：当一次侧绕组上加上电压 U_1 时，流过电流 i_1，在铁芯中就产生交变磁通 O_1，这些磁通称为主磁通。在它的作用下，两侧绕组分别感应电势，最后带动变压器调控装置。

3．材料

鉴于变压器在电力系统中的调控作用，技术人员必须选用合适的变压器完成安装操作，这样才能发挥正常的作用。绕制材料是变压器安装需注意的首要问题，不同材质的装置所发挥的作用是不一样的。对于绕制变压器，因装置结构特殊，安装选用了漆包线、纱包线、丝包线、纸包线等材料配合，能够发挥出良好的导电、导热性能，优越的抗腐蚀性也增强了电路的稳定性。从现有的变压器产品来看，变压器安装中绕制材料一般包括：铁芯材料、绝缘材料、浸渍材料等，安装人员必须结合实际情况选用。

（1）铁芯材料。

变压器是借助于电磁感应原理完成电流值、电压值的调控，而铁芯是变压器的核心构件，其材质状况决定了变压器的调节功能。铁芯材料最好选择在铁片中加入硅，以此降低钢片的导电导热作用，避免运行能耗增多。电力行业标准中规定硅钢片的磁通密度需控制在有效范围，如黑铁片的磁通密度在 7 000、低硅片在 10 000 等，安装现场可结合实际情况选用。

（2）绝缘材料。

近年来变压器安装操作的意外事故发生率不断提升，考虑到变压器安装过程中的安全问题，现场人员应注重绝缘材料的选用，以保护系统其他设备的正常运行。目前，许多变压器已经配备了绝缘构件，如：垫圈、绝缘器具等，但由于人为操作不当依旧存在安全风险。变压器安装需从线圈框架层间的隔离、绕组间的隔离等方面增强其绝缘性能。

（3）浸渍材料。

浸渍处理是对绕制材料加工的最后工序，主要目的是改善材料的机械性能、电力性能、绝缘性能，避免后期使用发生各种安全事故。选用绕制材料之后，安装人员要对浸渍材料涂刷油漆，在材料表面设置一道绝缘层。比较常用的漆材是甲酚清漆，经过涂刷处理后可发挥出较好的安全作用，延长了变压器设备的使用寿命。

3. 分类

（1）电力变压器。

目前，已在系统运行的代表性产品包括：1 150 kV、1 200 MV·A，735～765 kV、800 MV·A、400～500 kV、三相 750 MV·A 或单相 550 MV·A，220 kV、三相 1 300 MV·A 电力变压器；直流输电±500 kV、400 MV·A 换流变压器。电力变压器主要为油浸式，产品结构为芯式和壳式两类。芯式生产量占 95%，壳式只占 5%。芯式与壳式相互间并无压倒性的优点，只是芯式工艺相对简单，因而被大多数企业采用；壳式结构与工艺都要更为复杂，只有传统工厂采用。壳式特别适用于高电压、大容量，其绝缘、机械及散热都有优点且适宜山区水电站场景。

（2）配电变压器。

国外配电变压器容量能达到 2 500 kV·A，有圆形与椭圆形等形式。圆形的占绝大多数，椭圆形的由于 M_0（铁芯柱的间距）小，因而用料可以减少，其对应线圈为椭圆形。低压线圈有线绕式与箔式，油箱有带散热管的（少数）与波纹式的（多数）。

（3）干式变压器。

近年来，干式变压器在国内得到迅猛发展，在京沪深等城市其已经占到 50%，在其他城市也已经占到 20%。干式变压器有四种结构：环氧树脂浇注、加填料浇注、绕包和浸渍式。目前，欧美广泛采用开敞通风式 H 级干式变压器，是在浸渍式基础上吸取了绕包式结构的特点并采用 Nomex 之后发展起来的新型 H 级干式变压器。目前，国内通过短路试验容量最大的干式配电变压器是 2500 kV·A、10/0.4 kV，通过短路试验容量最大的干式电力变压器是 16000 kV·A、35/10 kV。

（4）非晶合金变压器。

非晶合金变压器虽然抗短路性能差，噪声大，但是节能，因此未来发展前景可观。目前我国最大的非晶合金变压器铁芯生产企业具有 3000～4000 t 的铁芯年产能力，铁芯及变压器的生产技术并不是制约推广非晶合金变压器的关键性因素，非晶合金带材的突破才能促成产品质的飞跃。

（5）卷铁芯变压器。

目前，卷铁芯变压器的生产主要集中在 10 kV 级，容量一般小于 800 kV·A，也试制了 1600 kV·A，但电力部门采购以 315 kV·A 以下容量的居多，适合用于农网。

4. 制造技术

（1）铁芯制造技术。

企业主要是通过改善自己的剪切设备来改进铁芯的生产技术，目前铁芯制造技术有以下变化：① 铁芯柱采用嵌轭工艺。与常规工艺相比可节省大量的心柱叠装时间，提高铁芯叠装质量，该工艺适用于配电变压器铁芯的自动化生产。② 多级接缝铁芯的应用。近年来，设计上为降低铁芯接缝处的空载损耗，逐渐将传统的单一接缝改为多级接缝。变压器企业多采取局部阶梯接缝的做法，不仅能降低变压器空载损耗 15% 以上，而且能降低噪声 3%～4%。③ 铁芯片加工技术。20 世纪 70 年代初，我国各变压器生产企业均采用国产硅钢片纵剪线和多剪床组成的简易硅钢片横剪线。

（2）绕组制造技术。

20 世纪 90 年代制造了绕组组装工艺。目前这项工艺也逐渐为各变压器厂家青睐，并得以迅速推广。

（3）绝缘加工技术。

20 世纪 80 年代，随着产品电压等级容量的提高和试验项目的增加，绝缘加工逐渐从金属加工中分离出来。现有龙门数控加工中心实现了绝缘加工的全自动化。

（4）绝缘干燥和油处理技术。

油浸式变压器采用的是油纸绝缘结构。其核心工艺是绝缘材料的干燥处理，以及变压器的真空脱水。气相干燥：20 世纪 80 年代中期，我国变压器厂率先从瑞士引进气相干燥设备，近年来又开发出内置式煤油蒸发器新产品；与外置式蒸发器相比，各有利弊。变压器油处理：进入 20 世纪 80 年代以来，我国油净化技术得到了长足发展，企业大多采用了先进的真空喷雾净油法，去杂质和脱水效果显著。

（5）节能技术。

从变压器节能技术的发展历程看，变压器历经 S6、S7、S9 和 S11 等几个系列的替代过程，目前 S9 型节能产品成为市场主流，而 S11 节能型产品的市场规模正在增长。在推广 S11 的过程中，S11 的销售价格比 S9 的平均高出 14.2%，所以价格仍是影响 S11 变压器普及推广的主要因素。目前新 S9 产品虽已占据大部分市场，但随着经济的发展，用户（特别是农网，变压器负荷率较低的用户）对 S11 型产品的需求逐步增长。S11 型叠铁芯变压器是在新 S9 成熟的技术基础上设计开发的，在保持产品可靠性的前提下，其性能指标有了较大提高。与传统的叠片式变压器相比，S11 卷铁芯配电变压器具有节约原材料、节能、改善供电品质、噪声低和机械化程度高等特点。

5. 故障原因

（1）电路故障。

变压器的电路故障问题主要是指变压器的出口出现短路，或者在变压器内部出现引线或绕组间的对地短路，再或者因相与相间出现的短路问题进而引发故障的出现等。其实，这类故障在实际的电力变压器的诸多故障问题中是十分常见的问题，并且该故障的实际案例也很多。对于变压器在低压出口出现短路的问题，为了解决该问题一般对故障处更换绕组，故障严重时可能需要对所有的绕组进行必要的更换，这样才能尽可能地降低故障发生的概率，极大地降低因电力故障引发的严重的经济和人身财产损失，所以，对此有必要给予重视。

（2）绕组的故障问题。

把绕组故障可以细致地划分为以下几个类型：接头的焊接处极其容易出现开裂问题、相与相间短路问题、匝向出现短路、绕组的接地故障等。分析总结以上故障出现的原因可以总结：变压器的绝缘问题出现了问题；绕组处有杂物进去，老化的绝缘体；变压器的工作力度不足；因变形导致绕组出现问题；绕组受到水汽影响；变压器的温度高。

（3）变压器渗油故障。

变压器渗油故障在整个电力变压器的故障中是最为常见的一个故障。变压器渗油故障又可以解释为电力变压器渗油会导致后续一些问题，诸如本身对空气产生严重的环境污染，还可能造成资源浪费，增加企业运营成本。该问题作为一个安全隐患，会极大地影响电力变压器的安全稳定运作，严重时可能造成机器设备的不能运行。还要注意的是该故障还会对电力企业的服务质量产生影响，对为用电的客户提供安全科学的服务产生重大的负面影响。

（4）接头故障。

接头故障主要指变压器的载流接头的不稳定连接，使得接头处温度快速升高，甚至会超过着火点导致接头烧断，严重影响电力变压器的安全稳定运行情形。为有效减少这类事故，电力检测维修工人在工作中应注意观察变压器的载流接头的温度变化，确保接头的温度在正常数值范围内。

6. 故障检测技术

（1）在线监测技术。

在线监测技术主要使用的是振动分析法和局部放电检测法等两种：

① 振动分析法。该分析方法指的是变压器运行时，要监测变压器的振动信号的强弱，并且分析总结出现这样监测结果的原因，进而可以对变压器的运行状态进行实时的检测，有利于及时发现故障问题，在小故障酿成大故障前，便得到解决。

② 局部放电检测法。该检测方法指的是变压器在运行过程中的机械内部出现故障，进而引发了局部的放电现象，这样会影响放电的水平和放电的速度。所以有必要针对变压器的局部放电情况，加强日常有效判断，检测变压器安全隐患是否存在，并对这些问题进行有针对性解决，来确保机械的安全稳定运行。

（2）气相色谱仪技术。

气相色谱仪技术主要用于分析混合气体中内部组成部分。该检测技术的优点主要有效率高，使用便捷、操作便利等，这些优势促使该技术得到了广泛应用。例如，高分子膜技术采用该技术后，能高效分解油气并测定电压器的故障气体和油中气体浓度。

（3）传感器阵列技术。

其具有选择性高、敏感度高等优点，使用传感器进行在线检测能够提高检测故障气体浓度的速度，还可以提升变压器故障检测技术水平，降低变压器的检测故障的出现的可能。

（4）红外光谱技术。

红外光谱技术又称为红外光谱在线检测技术，该技术具有检测速度快、准确度高、敏锐度高、维修量少等优点，在变压器故障检测技术中应用较多，有助于变压器故障产生气体的含量检测。在实际的检测工作中以及在具体使用过程中，可有效地利用红外气体分析仪器和双电路薄膜电容检测仪器进行定量分析。

7. 节能措施

（1）选用优质材料制造变压器。

变压器是通过电磁感应来改变电压的，其主要材料是硅钢片和电磁线。这两种材料质地的优劣，直接影响变压器的损耗特性。运行中变压器铁芯形成的损耗通称空载损耗，其损耗值是相对恒定的，与变压器的负载率无大关系，也是不可避免的。导磁材料的优劣，可以改变其损耗的大小。第一代节能变压器就选用了优质的 Q11、Q10 冷轧晶粒取向硅钢片，淘汰热轧的 D44 等硅钢片，结合结构设计的改进使空载消耗降低了 40%。

（2）优化设计和改进工艺。

从结构设计和制造工艺入手改善变压器的损耗特征，是制造厂的主要研究课题。例如，铁芯结构由原来的直接缝改为半直半斜和全斜接缝，是结构设计的突破性改进，可使晶粒取向硅钢片（即目前广泛应用的 Q10、Q11）在铁芯接缝区的导磁方向得到缓和，降低了空载损耗。

8. 国家政策

变压器是输配电的基础设备，广泛应用于工业、农业、交通、城市社区等领域。我国在网运行的变压器约 1 700 万台，总容量约 110 亿千伏安。变压器损耗约占输配电电力损耗的 40%，具有较大节能潜力。为加快高效节能变压器推广应用，提升能源资源利用效率，推动绿色低碳和高质量发展，2021 年 1 月，工业和信息化部、市场监管总局、国家能源局联合制定了《变压器能效提升计划（2021—2023 年）》。

实践篇 实验实训项目

实验实训1　单相变压器参数的检测与极性判别

一、实验实训目的

（1）能识别单相变压器的铭牌参数。
（2）用万用表检测单相变压器的交直流参数。
（3）用直流法判别一级、二级的极性，并标识同名端。
（4）用兆欧表检测单相变压器的绝缘性能。

二、实验实训仪器

9208型数字万用表、ZC-7型兆欧表、YB3731A（2-3A）直流稳压电源、各种型号的小功率变压器（双路输出）、电源插头线若干。

三、实验实训原理

单相变压器是一种一次绕组和二次绕组都为单相绕组的变压器，常见实物如图36所示。单相变压器结构简单、体积小、损耗低，主要是铁损小，适宜在负荷密度较小的低压配电网中应用和推广。单相变压器与单相供电制只是当前三相供电制的补充形式，由于其自身特性的约束，它只能应用于某些特定的领域。图37为单相变压器原理图，图38为单相变压器的直流法判别极性示意图，图39、图40为单相变压器与信号源、负载连接关系图。

图 36　单相变压器实物图

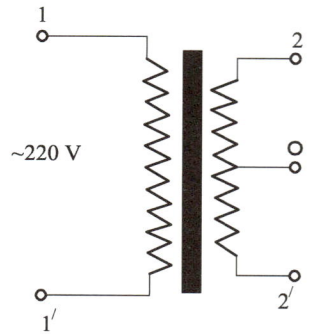 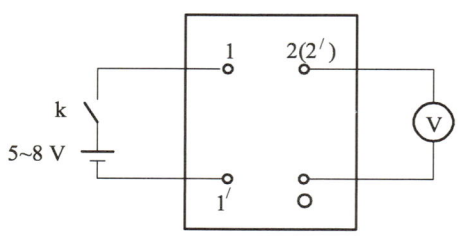

图 37　单相变压器原理图　　　　　图 38　直流法判别极性示意图

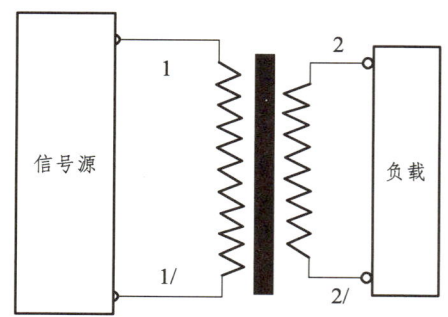 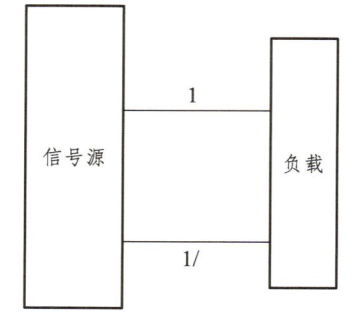

图 39　信号源接变压器再挂负载　　　图 40　信号源不接变压器直接挂负载

四、实验实训内容

1. 抄写单相变压器的铭牌参数

2. 用万用表检测单相变压器直流参数
使用＿＿＿＿＿＿型万用表＿＿＿＿＿＿档，进行检测。
$R_{11'}$ = ＿＿＿＿＿＿Ω；$R_{22'}$ = ＿＿＿＿＿＿Ω；R_{2o} = ＿＿＿＿＿＿Ω；$R_{2'o}$ = ＿＿＿＿＿＿Ω。
结论：

3. 用直流法判别单相变压器一级、二级极性，并标识同名端，用*符号标注（图41、图42）

使用＿＿＿＿＿＿型万用表＿＿＿＿＿＿档进行检测。

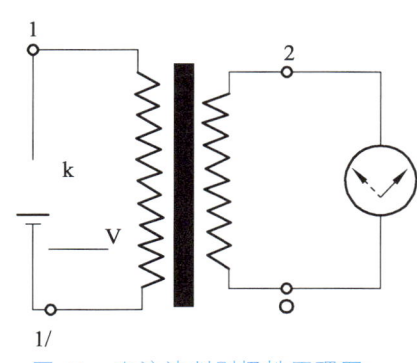

图41　直流法判别极性原理图　　　　图42　用"*"标识同名端

4. 用万用表检测单相变压器交流参数

（1）变压器空载运行实验，测量单相变压器的变压比 K：

使用＿＿＿＿＿＿型万用表＿＿＿＿＿＿档进行检测。

$U_{11'}=$ ＿＿＿＿＿＿V；$U_{22'}=$ ＿＿＿＿＿＿V；$U_{2o}=$ ＿＿＿＿＿＿V；$U_{2'o}=$ ＿＿＿＿＿＿V。

变压比 $K = \dfrac{U_{11'}}{U_{22'}} =$

结论（$K<1$ 升压，或 $K=1$ 隔离，或 $K>1$ 降压）：

（2）变压器负载运行实验，研究单相变压器的电压比与电流比关系：

使用＿＿＿＿＿＿型万用表＿＿＿＿＿＿档进行检测。

$U_{11'}=$ ＿＿＿＿＿＿V；$U_{22'}=$ ＿＿＿＿＿＿V；$I_1=$ ＿＿＿＿＿＿A；$I_2=$ ＿＿＿＿＿＿A。

电压比 $\dfrac{U_{11'}}{U_{22'}} =$ ＿＿＿＿＿＿；电流比 $\dfrac{I_1}{I_2} =$ ＿＿＿＿＿＿。

结论（说明 $\dfrac{U_{11'}}{U_{22'}}$ 与 $\dfrac{I_1}{I_2}$ 的关系）：

（3）变压器的阻抗变换实验，研究单相变压器的阻抗变换：

信号源（~220 V）接变压器再外挂负载（滑线变阻器）：

$U_{11'}=$ ＿＿＿＿＿＿V；$I_1=$ ＿＿＿＿＿＿A；$U_{22'}=$ ＿＿＿＿＿＿V；$I_2=$ ＿＿＿＿＿＿A。

$Z_1 = \dfrac{U_{11'}}{I_1} =$ ＿＿＿＿＿＿＿＿＿＿＿＿＿＿＿＿＿＿＿＿；

$Z_2 = \dfrac{U_{22'}}{I_2} =$ ＿＿＿＿＿＿＿＿＿＿＿＿＿＿＿＿＿＿＿＿；

$P = U_{11'}I_1 = U_{22'}I_2 =$ ＿＿＿＿＿＿＿＿＿＿＿＿＿＿＿＿。

如图 40 所示，信号源（～220 V）不接变压器直接外挂负载（滑线变阻器）：
$U_1^/ = $ _____ V； $I_1^/ = $ _____ A；
$P^/ = U_1^/ I_1^/ = $ _____ 。
结论：

5. 用兆欧表检测单相变压器的绝缘性能
（1）自检兆欧表性能：
开路实验：$Z_{LEO} = $ _____ MΩ；　　　　短路实验：$Z_{LEC} = $ _____ MΩ；
结论：

（2）检测绝缘性能：
$Z_{11^/} = Z_{22^/} = Z_{2o} = Z_{2^/o} = $ _____ MΩ；$Z_{1T} = Z_{1^/T} = Z_{2T} = Z_{2^/T} = Z_{oT} = $ _____ MΩ；
结论：

五、想一想

（1）使用万用表应注意的事项有哪些？
（2）使用兆欧表应注意的事项有哪些？
（3）实验中应特别注意的安全因素有哪些？
（4）若使用交流法判别极性，它的测量原理是什么？

实验实训 2　小型单相变压器的检测与拆装重绕

一、实验实训目的

（1）能识别小型单相变压器的铭牌参数。
（2）学习拆装小型单相变压器的正确方法。
（3）学习制作小型单相变压器绕组的方法。
（4）测试所绕制小型单相变压器的交直流参数、绝缘性能。

二、实验实训仪器

30 W 双 12 V 输出单相变压器、9208 型数字万用表、ZC-7 型兆欧表、绕线机、螺旋测微尺、胶锤、小铁锤、牛皮纸与青壳纸、12 cm 钢直尺、尖嘴钳、防水胶带、电烙铁、绝缘漆、碘钨灯（或 100 W 灯泡装置）、小剪刀、老虎钳。

三、实验实训原理

变压器是利用电磁感应原理来改变交流电压的装置，常见实物如图 43 所示。主要构件是初级线圈、次级线圈和铁芯（磁芯）。在电器设备和无线电路中，常用作升降电压、匹配阻抗，安全隔离等。变压器的功能主要有电压变换；电流变换，阻抗变换；隔离；稳压器（磁饱和变压器）；自耦变压器；高压变压器（干式和油浸式）等，变压器常用的铁芯形状一般有 E 型和 C 型铁芯、XED 型、ED 型、CD 型。

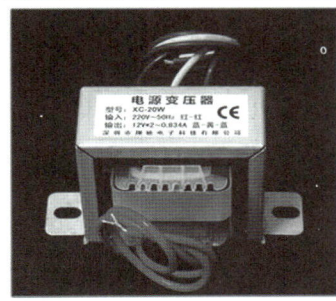

图 43　变压器实物示例（含铭牌）

注：图中尺寸单位 MM 应为 mm，净重的单位 KG 应为 kg。

四、实验实训内容

1. 抄写单相变压器的铭牌参数（图44）

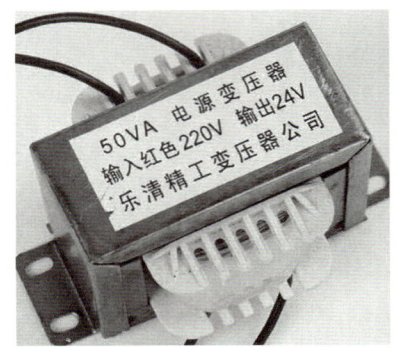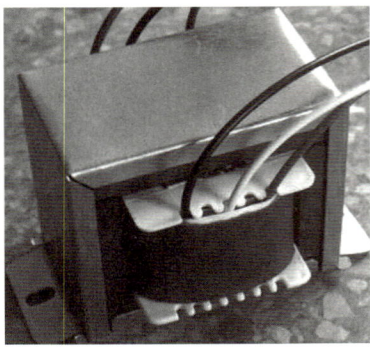

图44 小功率变压器实物图

2. 用万用表检测单相变压器直流参数

使用＿＿＿＿＿＿型万用表＿＿＿＿＿＿档，进行检测。

$R_{11'}=$ ＿＿＿＿＿Ω；$R_{22'}=$ ＿＿＿＿＿Ω；$R_{2o}=$ ＿＿＿＿＿Ω；$R_{2'o}=$ ＿＿＿＿＿Ω。

结论：

3. 用万用表检测单相变压器交流参数

使用＿＿＿＿＿＿型万用表＿＿＿＿＿＿档，进行检测。

$u_{11'}=$ ＿＿＿＿＿V；$u_{22'}=$ ＿＿＿＿＿V；$u_{2o}=$ ＿＿＿＿＿V；$u_{2'o}=$ ＿＿＿＿＿V。

结论：

4. 用兆欧表检测单相变压器的绝缘性能

（1）自检兆欧表性能：

开路实验：$Z_{LEO}=$ ＿＿＿＿＿MΩ；　　　　短路实验：$Z_{LEC}=$ ＿＿＿＿＿MΩ；

结论：

（2）检测绝缘性能：

$Z_{11'}=Z_{22'}=Z_{2o}=Z_{2'o}$ ＿＿＿＿＿MΩ；$Z_{1T}=Z_{1'T}=Z_{2T}=Z_{2'T}=Z_{oT}=$ ＿＿＿＿＿MΩ；

结论：

5. 拆装单相变压器

（1）"拆"的操作程序：记录骨架尺寸、拆外壳，拆铁芯、拆绕组（数匝数）、测绕组线径。

（2）"装"的操作程序：硅钢片安装准备，硅钢片安装开始，硅钢片安装完成。

6. 制作绕组

芯子制作,骨架制作,套芯子,固定芯子及骨架,回零绕起,线尾固定、引出线处理,外层绝缘处理(加热、浸漆、绝缘风干或烘干)。

五、想一想

(1)拆除单相变压器应注意哪些问题?
(2)安装单相变压器应注意哪些问题?
(3)制作绕组应注意哪些问题?
(4)绕组烘干处理应注意哪些问题?

实验实训 3　三相变压器参数的检测与极性判别

一、实验实训目的

（1）能识别三相变压器的铭牌参数。
（2）用万用表检测三相变压器的直流参数，并判断出高、低压绕组。
（3）用直流法判别三相变压器的"首尾端"，并标识"同名端"。
（4）用兆欧表检测三相变压器的绝缘性能。

二、实验实训仪器

9208 型数字万用表、ZC-7 型兆欧表、JB-3 三相教学变压器、YB3731A（2-3A）直流稳压电源、导线若干。

三、实验实训原理

为了输入不同的电压，输入绕组也可以用多个绕组以适应不同的输入电压。同时为了输出不同的电压也可以用多个绕组。三个独立的绕组，通过不同的接法（星形、三角形），使其输入三相交流电源，其输出也是如此，这就是三相变压器。

三相变压器的一次线圈和二次线圈通常都是由三组线圈在变压器内部连接起来以后，通过瓷套管引到油箱外面，常见实物如图 45 所示。这三组线圈有不同的连接法。一种连接法叫星形接线，符号是 Y。就是把每组线圈的一端各自引出一个端子（共三个端子），另一端都连接在一起，叫中性点（或中点），通过一个矮一些的瓷套管引到油箱外面，叫中性点端子（有的变压器外面没有中性点端子）。另一种连接法叫三角形接线，符号是△。就是把每组线圈的一端都与另一组线圈的一端连接起来，类似于一个三角形，再从每个连接点引出一个接线端子。三相变压器的一次和二次线圈可以按照需要而采取不同的接线方式。例如，有的变压器的铭牌上注明"Y-△"符号，表示这台三相变压器的一次线圈是星形接线，二次线圈是三角形接线。三相变压器的电压分为相电压和线电压两种。变压器采用三角形接线时，线电压与相电压相等；采用星形接线时，线电压是相电压的 1.732 倍，每个接线端与中性点端之间的电压就是相电压。

图 45　三相变压器应用实物图

装有高压和低压两种线圈的变压器叫双卷变压器。例如，变压器的铭牌上写着 35kV/10 kV，表示这是一台双卷变压器，它的高压线圈是 35 kV，低压线圈是 10 kV；接到 35 kV 的电源上可以得到 10 kV 的电压。有的变压器装有高压、中压和低压三种线圈，常见实物如图 46 所示，叫做三卷变压器。例如，变压器的铭牌上写着 110 kV /35 kV /10 kV，表示这是一台三卷变压器。它的高压线圈是 110 kV，中压线圈是 35 kV，低压线圈是 10 kV，接到 110 kV 电源上，可以得到 35 kV 和 10 kV 两种电压。还有少数专用变压器，有一个高压和两个相同的低压线圈，其也叫做三卷变压器；有的则是一个高压和三个低压线圈，叫四卷变压器。有的变压器的高压线圈引出两个接线端子，从这个线圈的半腰抽出一个接头，引出一个接线端子，把一部分一次线圈当二次线圈用，它实际上只有一个线圈，所以叫做单卷变压器，也叫自耦变压器。

图 46　三相变压器及应用实物图

这种变压器使用的材料少，造价低，比较经济。但由于它的高压线圈和低压线圈是直接相通的，需要有一定的安全措施，所以使用场合受到一定限制。图 47 为直流法判别极性（定首、尾）原理图。

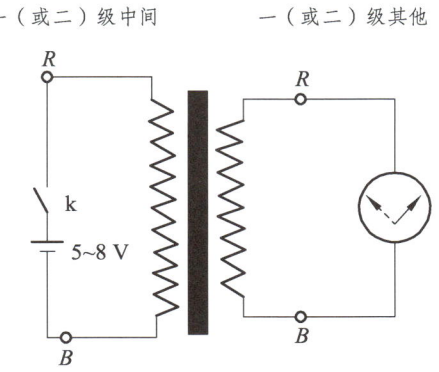

图 47　直流法判别极性（定首、尾）原理图

四、实验实训内容

1. 抄写三相变压器的铭牌参数

2. 万用表检测单相变压器直流参数

使用_____型万用表_____档进行检测。请完补充完善图48。

结论：

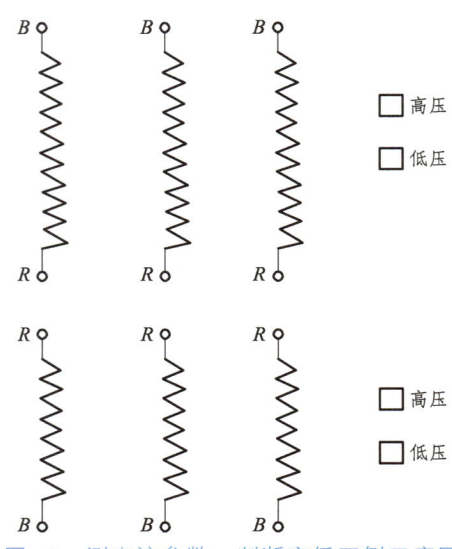

图48　测直流参数，判断高低压侧示意图

3. 用直流法判别三单相变压器一级、二级的"首尾"，并标识同名端（用*符号标注）使用_____型万用表_____档进行检测。请完补充完善图49。

结论：

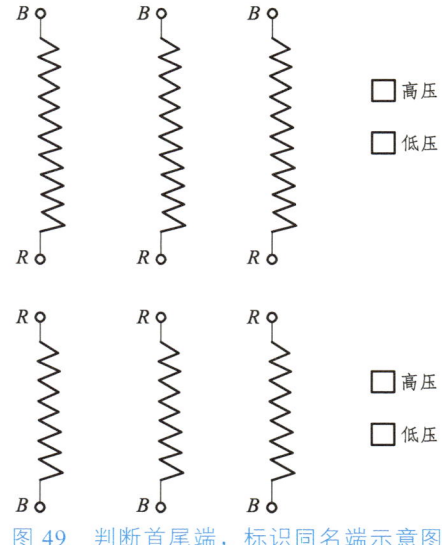

图49　判断首尾端，标识同名端示意图

4. 按照铭牌（380/110V，△/△），要求将其连接为正确的"联结组"（可正序，也可反序），请完补充完善图50和图51。

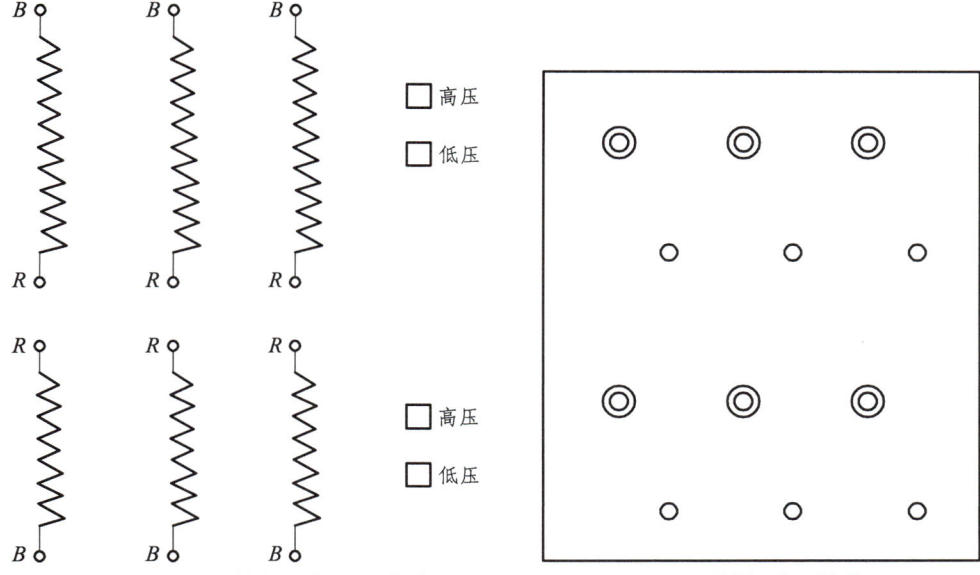

图 50　联结组内部绕组接线　　　　图 51　联结组端子接线

5. 用兆欧表检测三相变压器的绝缘性能

$Z_{UV} = Z_{UW} = Z_{VW} = Z_{UT} = Z_{VT} = Z_{WT}$ ＿＿＿＿MΩ；

$Z_{1U_1 1U_2} = Z_{1V_1 1V_2} = Z_{1W_1 1W_2} = Z_{2U_1 2U_2} = Z_{2V_1 2V_2} = Z_{2W_1 2W_2}$ ＿＿＿＿MΩ。

结论：

五、想一想

（1）什么是星形接法（Y 型），其有哪些优缺点？

（2）什么是三角形接法（△型），其有哪些优缺点？

（3）确认三相变压器的"首尾端""同名端"还有哪些方法？

实验实训 4　自耦变压器的拆装检测及维护

一、实验实训目的

（1）能识别单（三）相教学自耦变压器铭牌参数。
（2）学会拆装单（三）相教学自耦变压器。
（3）用万用表检测单（三）相教学自耦变压器的直流参数，并判断出高、低压绕组。
（4）用兆欧表检测单（三）相教学自耦变压器的绝缘性能。

二、实验实训仪器

9208 数字万用表、ZC-7 兆欧表、TSG-2（3）、单（三）相教学自耦教学变压器、导线若干。

三、实验实训原理

单相自耦调压器常见实物如图 52 所示。它是一种常用变压工具，可连续调节输出电压 0～250 V，具有波形不失真、体积小、重量轻、效率高、使用方便、性能可靠能长期运行等特点。单相自耦调压器可广泛用于工业（如化工、冶金、仪器仪表、机电制造、轻工等），科学实验，公用设备、家用电器中，以实现调压、控温、调速、调光及功率控制等目的，是一种理想的交流调压电器。

 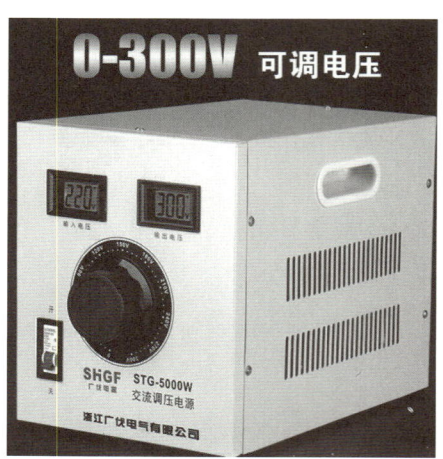

图 52　单相变压器实物图

三相自耦变压器常见实物如图 53 所示，属于一种自耦变压器。它可以有完全和三相变压器相同的连接组，区别在于其线圈间是否存在着电的联系，主要用于大功率输电变电场合。

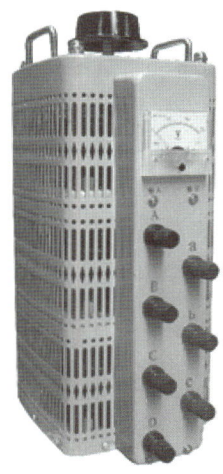

图53 三相自耦变压器实物图

1. 工作原理

自耦变压器是输出和输入共用一组线圈的特殊变压器。升压和降压用不同的抽头来实现，比共用线圈少的部分抽头电压就降低，比共用线圈多的部分抽头电压就升高。其实原理和普通变压器的原理是一样的，只不过其原线圈就是它的副线圈，一般的变压器是左边一个原线圈通过电磁感应，使右边的副线圈产生电压，自耦变压器是自己影响自己。自耦变压器是只有一个绕组的变压器，当作为降压变压器使用时，从绕组中抽出一部分线匝作为二次绕组；当作为升压变压器使用时，外施电压只加在绕组的一部分线匝上。通常把同时属于一次和二次的那部分绕组称为公共绕组，自耦变压器的其余部分称为串联绕组，同容量的自耦变压器与普通变压器相比，尺寸小，效率高。变压器容量越大，电压越高这个优点就越加突出。因此随着电力系统的发展、电压等级的提高和输送容量的增大，自耦变压器由于其容量大、损耗小、造价低而得到广泛应用。在一个闭合的铁芯上绕两个或以上的线圈，当一个线圈通入交流电源时（就是初级线圈），线圈中流过交变电流，这个交变电流在铁芯中产生交变磁场，交变主磁通在初级线圈中产生自身感应电动势，同时另外一个线圈（就是次级线圈）中感应互感电动势。通过改变初、次级的线圈匝数比的关系来改变初、次级线圈端电压，实现电压的变换，一般匝数比为1.5∶1～2∶1。因为初级和次级线圈直接相连，有跨级漏电的危险，所以不能作为行灯变压器。

2. 特点

（1）由于自耦变压器的计算小于额定容量，所以在同样的额定容量下，自耦变压器的主要尺寸较小，有效材料（硅钢和导线和结构材料）都相应减少，从而降低成本。

有效材料的减少使得铜耗和铁耗也相应减少，故自耦变压器的效率较高。同时由于主要尺寸的缩小和质量的减小，可以在容许的运输条件下制造单台容量更大的变压器。但通常在自耦变压器中只有 $k≤2$ 时，上述优点才明显。

（2）由于自耦变压器的短路阻抗标幺值比双绕组变压器小，故电压变化率较小，但短路电流较大。

（3）由于自耦变压器一、二次之间有电的直接联系，当高压侧过电压时会引起低压侧严重过电压。为了避免这种危险，一、二次都必须装设避雷器，不要认为一、二次绕组是串联的，一次已装、二次就可省略。

（4）在一般变压器中。有载调压装置往往连接在接地的中性点上，这样调压装置的电压等级可以比在线端调压时低。而自耦变压器中性点调压会带来所谓的相关调压问题。因此，要求自耦变压器有载调压时，只能采用线端调压方式。图 54 为单（或三）相教学自耦变压器接线原理图。

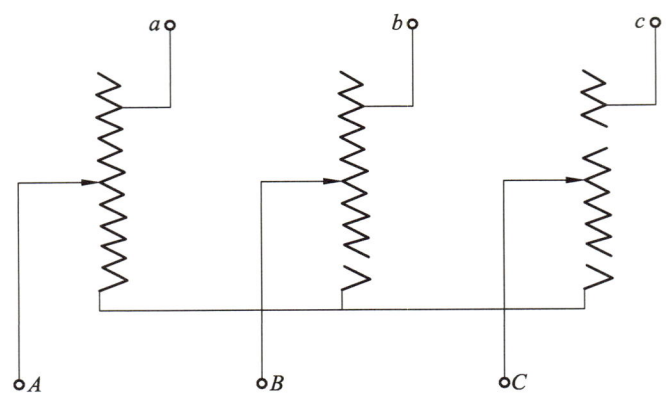

图 54　单（或三）相教学自耦变压器原理图

3. 结构特征

自耦变压器是一种单圈式变压器，一、二次侧共用一绕组绕制，其变压比是固定的。与同容量的一般变压器相较具有结构简单、用料省、体积小等优点，尤其在变压比接近 1 的场合显得特别经济实用。在电压相近的大功率输电变压器中用得较多，此外在 10 kW 以上异步电动机降压启动箱中得到广泛使用。

四、实验实训内容

1. 抄写单（或三）相教学自耦变压器铭牌参数

2. 拆装 TSG-2/3 型变压器

（1）拆：调节旋钮→刻度→接线柱→外壳。

（2）安装：外壳→接线柱→刻度盘→调节旋钮。

3. 用万用表检测三相自耦变压器直流参数

使用＿＿＿＿＿型万用表＿＿＿＿＿挡进行检测。

$R_{a(O,o;x,y,z)} =$ ＿＿＿＿＿ Ω；$R_{b(O,o;x,y,z)} =$ ＿＿＿＿＿ Ω；$R_{c(O,o;x,y,z)} =$ ＿＿＿＿＿ Ω；

$R_{A(O,o;x,y,z)} =$ _____ Ω；$R_{B(O,o;x,y,z)} =$ _____ Ω；$R_{C(O,o;x,y,z)} =$ _____ Ω。

结论：

4．用兆欧表检测三相自耦变压器的绝缘性能

$Z_{A壳} = Z_{B壳} = Z_{C壳} = Z_{a壳} = Z_{b壳} = Z_{c壳} =$ _____ MΩ；

$Z_{A(O,o;x,y,z)} = Z_{B(O,o;x,y,z)} = Z_{C(O,o;x,y,z)} = Z_{a(O,o;x,y,z)} = Z_{b(O,o;x,y,z)} = Z_{c(O,o;x,y,z)} =$ _____ MΩ。

结论：

五、想一想

（1）自耦变压器主要用途及优缺点有哪些？
（2）在使用自耦变压器时，应注意哪些问题？
（3）为什么不能把自耦变压器用作安全隔离变压器？
（4）电流互感器有何作用，使用电流互感器时应注意哪些问题？
（5）电压互感器有何作用，使用电压互感器时应注意哪些问题？

实验实训 5　弧焊机的拆装检测及使用维护

一、实验实训目的

（1）能识别交流弧焊机铭牌参数。
（2）理解数字逆变弧焊机的工作原理。
（3）掌握拆（装）数字逆变弧焊机的正确方法。
（4）掌握数字逆变弧焊机正确使用步骤。
（5）理解检修数字逆变弧焊机基本方法。

二、实验实训仪器

9208 数字万用表，ZC-7 兆欧表，XZ-7-250 数字逆变直流弧焊机（配有焊枪、焊帽、眼镜、手套等），内六角组合工具，2.5mm 焊条若干。

三、实验实训原理

电焊机常见实物如图 55 所示，是利用正负两极在瞬间短路时产生的高温电弧来熔化电焊条上的焊料和被焊材料，使被接触物相结合的设备。它也可以被视为一台大功率的变压器，可以使 220 V 和 380 V 交流电变为低压直流电，电焊作业时引燃电弧，然后在高温下将焊条融入需要焊接的物件中。电焊机一般按输出电源分为直流电源电焊机和交流电源电焊机两类。

图 55　电焊机实物图

逆变焊机由逆变电源与外接设备组成。其中逆变电源是逆变焊割设备的核心，其工作过程为：工频交流—直流—高频交流—变压—直流，即将三相或单相 50 Hz 工频交流电整流、滤波后得到一个较平滑的直流电，由 IGBT 或场效应管组成的逆变电路将该直流电变为 100 kHz 的交流电，经中频主变压器降压后，再次整流滤波获得平稳的直流输出焊接电流（或再次逆变输出所需频率的交流电）。由于逆变工作频率很高，所以主变压器的铁芯截面积和线圈匝数大大减少，因此逆变焊机可以在很大限度上节省金属材料，减少外形尺寸及重量，减少电能损耗。更重要的是，逆变焊机能够在微秒级的时间内对输出电流进行调整，实现焊接过程所要求的理想控制过程，从而获得满意的焊接效果。首先，将50 Hz的工频输入电压经整流滤波成为直流电压，然后通过功率电子开关转换成高频（100 kHz）的交流电压，再通过变压器将此交流电压变为适合焊接工艺要求的交流电压，最后经整流滤波变为直流焊接电压。通过脉冲宽度调节控制技术（PWM），对输出电流进行控制并调节。

逆变焊机是典型的开关电源（输出特性又有很大特点），输出功率大，工作环境变化大，所以要求元器件质量要好，这样才能保证工作的稳定性，寿命长。电焊机辅助器具包括防止操作人员被焊接电弧产生的紫外线、红外线或其他射线伤害眼睛、面部和颈部的面罩，焊接工作服、焊工手套和护脚等。辅助器具及电焊操作现场如图56所示。

图56　辅助器具及电焊操作

1. 焊机检修方法

（1）电阻法。就是利用万用表测量电路中各个器件的电阻值。检查电路中是否短路，开路，如电阻是否有变值损坏的，电容失容，晶体管损坏，短路或开路等。这种方法最为简单也最常用，适用于电阻、电容、电感、晶体管、集成电路等的初步故障判断。

（2）电压法。就是在电路加电的状态下，测量电路各个工作点的工作电压是否正常。这种方法需要对电路比较熟悉。但是其测量判断结果会比较准确。

（3）替换法。就是将电路中一些无法确定是否正常的元器件，用好的元器件将其替换，以此来判断和排除故障的方法。这种方法一般用于大致确定故障部位，它一般作为电阻法的后续判断方法。

（4）波形判断法。在有条件的情况下，可以借助示波器等仪器，观察各个工作点的工作波形，从波形上分析电路的故障部位。这个是最直观的故障分析方法，用于分析一些疑难杂症。

2. 故障处理举例

（1）开机保护故障。

其原因分析主要有：① 场管损坏，为过流保护；② 二次整流管损坏，为过流保护；

③ 中频变压器损坏，为过流保护；④ 温控开关损坏，为错误保护；⑤ 控制板保护电路损坏，为错误保护。当焊机保护电路不工作时，焊机出现过流时，会造成炸机。在维修时一定要特别注意保护电路是否正常。故障处理。对于场管和二次整流管的损坏，一般用电阻法测量场管的电阻，以判断是否有短路或场管和二次整流管电阻有异常。

判断中频变压器是否损坏，一般是拔去变压器插头看焊机是否还出现保护故障，如果拔去中频变压器，就不出现保护故障，就可以大致确定是否是中频变压器损坏了，不过判断这个故障的前提是二次整流管没有损坏，还有焊机输出没有短路。

判断温控开关的故障，只要短接控制板上的温控开关的连接线，如果故障消失，那就是温控开关引起的故障。保护电路的故障，排除其他故障的情况下，故障还是没有消失，保护灯还是亮着的情况下，我们就可以确定是保护电路出现了故障。排除这个故障一般也是用电阻法，用来测量保护电路的元器件是否正常。以此来修复故障。

（2）无输出故障检修。

其原因分析主要有：① 底板（电源板）供电问题，没有300 V直流输出。② 辅助电源损坏。③ 没有驱动脉冲。④ 出现了故障保护。⑤ 焊机内部连接线有脱落。故障处理：底板（电源板）故障一般是由一些器件损坏引起的，比如，主继电器、辅助继电器、热敏电阻等。检查方法一般用电阻法和替换法。辅助电源损坏时也可以用电阻法和替换法，以此来测量辅助电源中的元器件有没有损坏，有条件可以使用波形法观测辅助电源的工作波形，看是否存在隐藏故障。在排除以上故障后就可以判断是否出现没有驱动脉冲的故障，其中涉及是否出现保护。在一些焊机中，还有枪开关电路，它的工作异常也会出现没有输出脉冲。对于这个问题一般要借助于示波器，观测驱动脉冲的情况。在这个故障中我们也可以使用电压法，检查焊机各个部分的供电情况，以帮助排除故障。

四、实验实训内容

1. 抄写数字逆变交流弧焊机（XZ-7-250 单相/三相）铭牌参数

2. 拆装 XZ7-250 弧焊机

（1）拆：

（2）装：

3. 用兆欧表检测弧焊机的绝缘性能

$Z_{IS壳} = Z_{OS壳}$ _____ MΩ。

结论：

4. 简述数字逆变弧焊机工作原理

5. 简述检修数字逆变弧焊机的方法与技巧（故障甄别、故障分析、故障排除、测试评价）

6. 简述操作弧焊机的正确步骤（展示操作弧焊机的照片）

五、想一想

（1）电焊变压器的结构与原理是什么？
（2）交流弧焊机常见故障及处理方法有哪些？
（3）隔离变压器工作原理与作用是什么？

实验实训 6　三相异步电动机的拆装检测及运行

一、实验实训目的

（1）能识别三相异步电动机铭牌参数。
（2）检测三相异步电动机的直流参数。
（3）检测三相异步电动机的绝缘性能。
（4）掌握拆装三相异步电动机的正确方法。
（5）理解三相异步电动机 Y/△型内部绕组的正确接线。
（6）掌握三相异步电动机 Y/△型外部接线盒端子的正确接线。
（7）检测三相异步电动机运行空载电流。

二、实验实训仪器

数字万用表（9208）、兆欧表（ZC-7）、钳形电流表、JW-6134 三相异步电动机、组合工具。

三、实验实训原理

三相异步电动机如图 57 所示，当向三相定子绕组中通入对称三相交流电时，产生一个以同步转速 n_1 沿定子和转子内空间作顺时针旋转的磁场，该磁场以 n_1 转速旋转，转子导体开始时是静止的，故转子导体将切割定子旋转磁场而产生感应电动势（感应电动势的方向用右手定则判定）。由于转子导体两端被短路环短接，在感应电动势的作用下，转子导体中将产生与感应电动势方向基本一致的感生电流。转子的载流导体在定子磁场中受到电磁力的作用（力的方向用左手定则判定）。电磁力对转子轴产生电磁转矩，

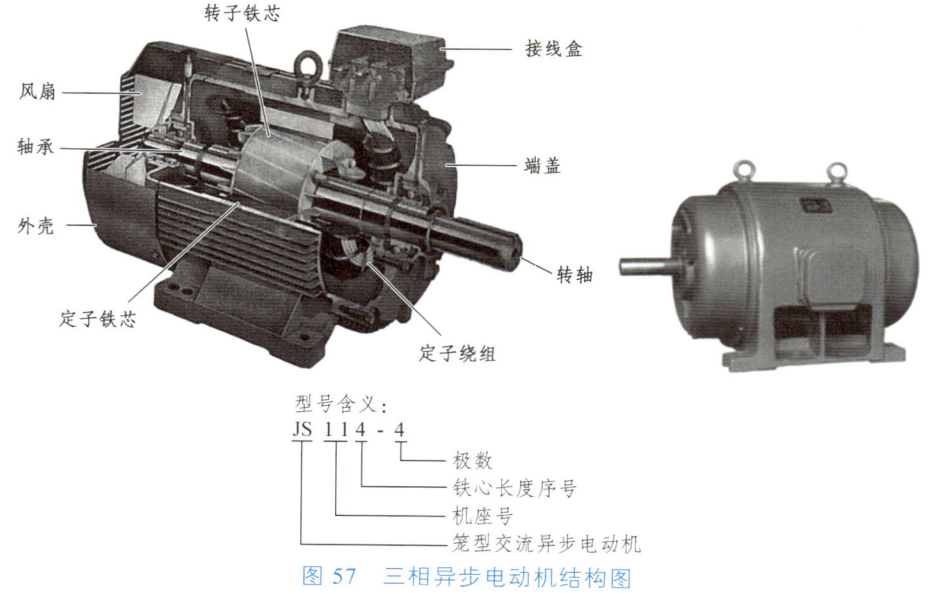

图 57　三相异步电动机结构图

驱动转子沿着旋转磁场方向旋转。由此，当电动机的三相定子绕组（各相差120°电角度），通入三相对称交流电后，将产生一个旋转磁场，该旋转磁场切割转子绕组，从而在转子绕组中产生感应电流（转子绕组是闭合通路），载流的转子导体在定子旋转磁场作用下将产生电磁力，从而在电机转轴上形成电磁转矩，驱动电动机旋转，并且电机旋转方向与旋转磁场方向相同。

定子绕组按照绕组结构可分为单层绕组、双层绕组或单双层绕组。按照绕组的连接可分为单层绕组又分为链式绕组、同心绕组、交叉绕组，双层交叉绕组又可分为叠绕组和波绕组。拆装如图58所示。

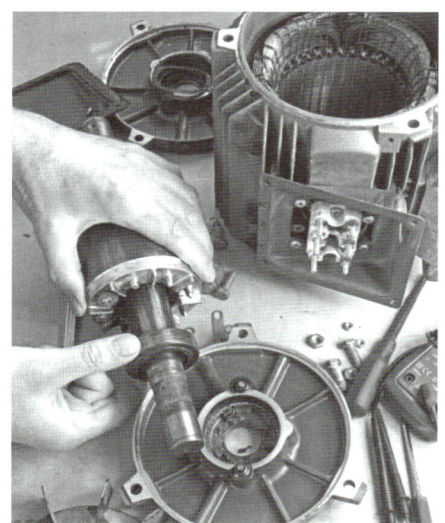

图58 三相异步电动机拆装图

四、实验实训内容

1. 抄写三相异步电动机铭牌参数

2. 拆装三相异步电动机
（1）拆：

（2）装：

3. 用万用表检测三相异步直流参数

使用_____型万用表_____档进行检测。

$R_{U_1U_2}=$ _____ Ω； $R_{V_1V_2}=$ _____ Ω； $R_{W_1W_2}=$ _____ Ω。

结论：

4. 用兆欧表检三相异步电动机的绝缘性能

$R_{U_1V_1}=R_{V_1W_1}=R_{W_1U_1}=R_{U_1S}=R_{V_1S}=R_{W_1S}$ _____ $M\Omega$；

$R_{U_1U_2}=R_{V_1V_2}=R_{W_1W_2}$ _____ $M\Omega$。

结论：

5. 接线

（1）内部与外部接线，请补充完善连接组内部接线。

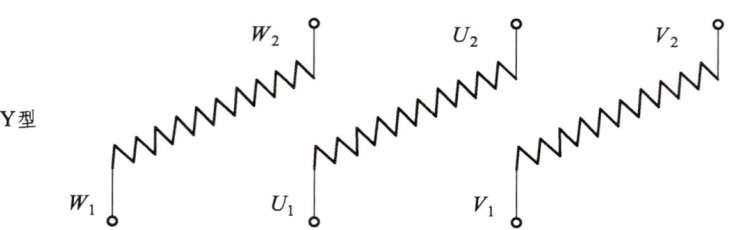

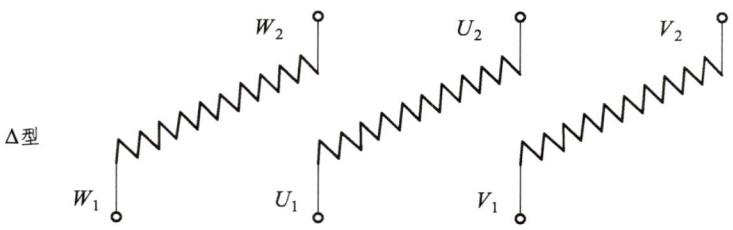

（2）端子（外部）盒接线，请补充完善接线盒端子接线。

Y 型连接

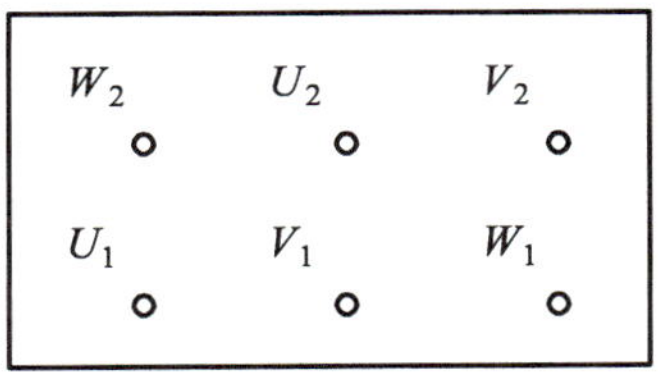

W_2	U_2	V_2
U_1	V_1	W_1

△型连接

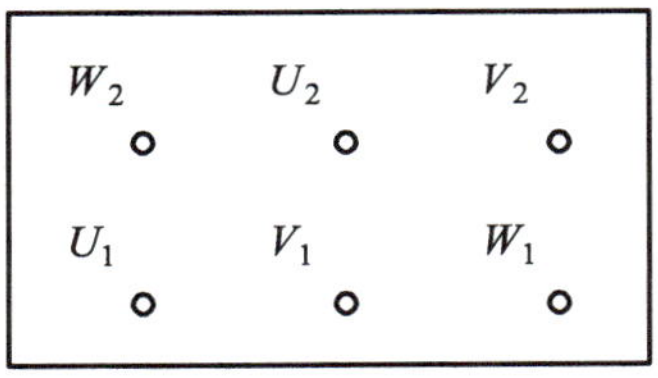

W_2	U_2	V_2
U_1	V_1	W_1

6. 用钳形电流表检测三相异步电动机空载电流
$I_{u_o} = I_{v_o} = I_{w_o}$ ＿＿＿＿A
接法（请在□内打√）：□Y，□△；□220 V，□380 V

五、想一想

（1）三相异步电动机按照防护形式、转子形式如何分类？
（2）拆装三相异步电动机应注意哪些问题？
（3）三相异步电动机定子绕组如何分类？
（4）单层链式定子绕组如何嵌线？
（5）三相异步电动机直接启动、降压启动的原理及方法是什么？
（6）如何理解三相异步电动机调速原理及调速方法？
（7）三相异步电动机反转的原理是什么？制动方法有哪些？
（8）如何选用与检修三相异步电动机？

实验实训 7　单相异步电动机的检测及正反转运行

一、实验实训目的

（1）能识别单相异步电动机铭牌参数。
（2）检测单相异步电动机的直流参数。
（3）检测单相异步电动机的绝缘性能。
（4）会用定时器和启动电容实现单相异步电动机的正反转。

二、实验实训仪器

9208 数字万用表、ZC-7 兆欧表、DXT158-C220V 机械式定时器、CBB60 电容器、电源线若干。

三、实验实训原理

采用单相交流电源的异步电动机称为单相异步电动机，常见实物如图 59 所示。由于其只需要单相交流电，并具有结构简单、成本低廉、噪声小、对无线电系统干扰小等优点，常用在功率不大（＜1 kW）的家用电器和小型动力机械中，如电风扇、洗衣机、电冰箱、空调、抽油烟机、电钻、医疗器械、小型风机及家用水泵等，应用广泛。需要注意的是，我国单相电压是 220 V，美国 120 V，日本 100 V，欧洲普遍 230 V，在选用国外的单相异步电动机时需要确认电机的额定电压与电源电压。

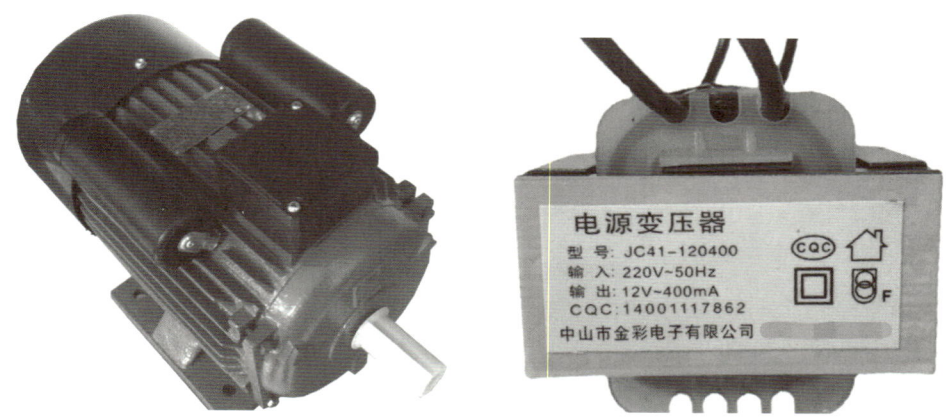

图 59　单相异步电动机结构图及铭牌参数

电容器在电动机中通过电容移相作用，将单相交流电分离出另一相相位差 90°的交流电。将这两相交流电分别送入两组或四组电机线圈绕组，就在电机内形成旋转的磁场，旋转磁场在电机转子内产生感应电流，感应电流产生的磁场与旋转磁场方向相反，被旋转磁场推拉进入旋转状态。单相电不能产生旋转磁场，要使单相电动机能自动旋转起来，可在定子中加上一个启动绕组，启动绕组与主绕组在空间上相差 90°，启动绕组要串接一个合适的电容，使得与主绕组的电流在相位上近似相差 90°，即所谓的分相原理。这样两个在时间上相差 90°的电流通入两个在空间上相差 90°的绕组,将会在空间上产生(两相)旋转磁场,在这个旋转磁场作用下,转子就能自动启动。

单相异步电动机没有启动转矩,不能自行启动,需要设法使它启动,即设法使它能产生一个旋转磁场。根据启动方法的不同,常见的单相电动机分为下列三类。

(1)分相启动电动机。分相启动电动机又分为电阻分相启动电动机和电容分相启动电动机。启动时,在电动机辅助绕组中串以电阻(或辅助绕组本身比主绕组电阻大)或串以电容器,当电动机转速达到同步转速的 80%左右时,再通过启动装置将启动绕组或电容器脱开电源。使电阻脱开电源的称为电阻分相启动电动机,使电容器脱开电源的称为电容分相启动电动机。

(2)电容运转电动机。电容运转电动机,在运行中不切除辅助绕组和电容器。辅助绕组和电容器均应按长期接在电动机上工作的情况进行计算和选择。

(3)罩极电动机。用短路铜环或短路线圈把磁极的 1/4～1/3 部分罩起来便产生旋转磁场启动单相电动机,这种电动机称为罩极电动机。罩极电动机不需要启动装置和电容器。本实验采用电容分相式单相异步电机。图 60 给出了电容启动式单相异步电动机实现正反转电路接线原理。

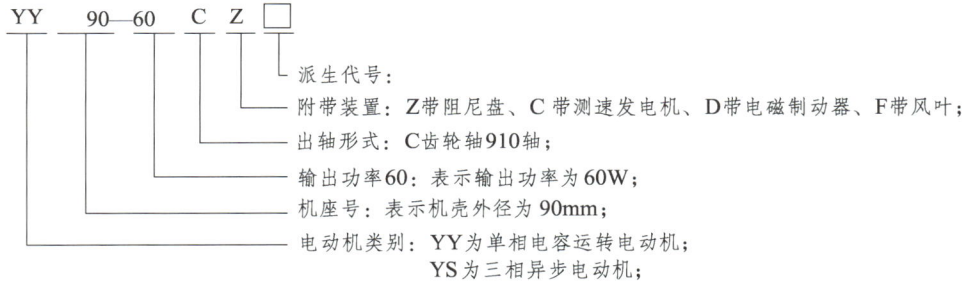

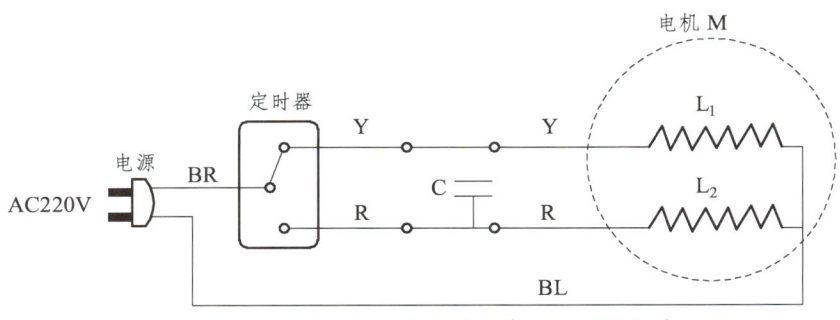

图 60　电容启动式单相异步电动机实现正反转电路原理

四、实验实训内容

1. 抄写单相异步电动机铭牌参数

2. 拆装三相异步电动机

3. 用万用表检测单相异步直流参数

使用_____型万用表_____档进行检测。

R_{YR} = _____ Ω； $R_{Y,BL}$ = _____ Ω； $R_{R,BL}$ = _____ Ω。

结论：

4. 用兆欧表检单相异步电动机的绝缘性能

$Z_{Y,S} = Z_{R,S} = Z_{BL,S}$ _____ MΩ； $Z_{Y,BL} = Z_{R,BL} = Z_{Y,R}$ _____ MΩ。

结论：

5. 实现电机正反转运行

（1）读懂原理图；（2）正确接线；（3）试运行；（4）注意事项（指导教师检查线路后方可通电运行）

结论：

五、想一想

（1）三相异步电动机定子绕组如何分类？
（2）单层链式定子绕组如何嵌线？
（3）三相异步电动机直接启动、降压启动原理及方法是什么？
（4）如何理解三相异步电动机调速原理及调速方法？
（5）三相异步电动机反转的原理是什么？制动方法有哪些？
（6）如何选用与检修三相异步电动机？

实验实训 8　户用型电气原理电路分析及 CAD 设计

一、实验实训目的

（1）根据用户实际使用要求设计户用电气原理电路。
（2）学习使用专业软件 CAD 绘制户用型电气原理电路图。

二、实验实训仪器

计算机 1 台（安装 CAD 软件）、打印机 1 台、打印纸。

三、实验实训原理

图 61 适用于单用户普通单层楼房。AC 220 V 入户需要有电表盒（双极控制空开 1 个、单相电度表 1 个、双极漏电保护器 3 个），希望厨房用电（顶灯、多个插座）独立，除厨房外所有房间的地（墙）插座独立（包括阳台插座），除厨房外所有房间顶灯独立。

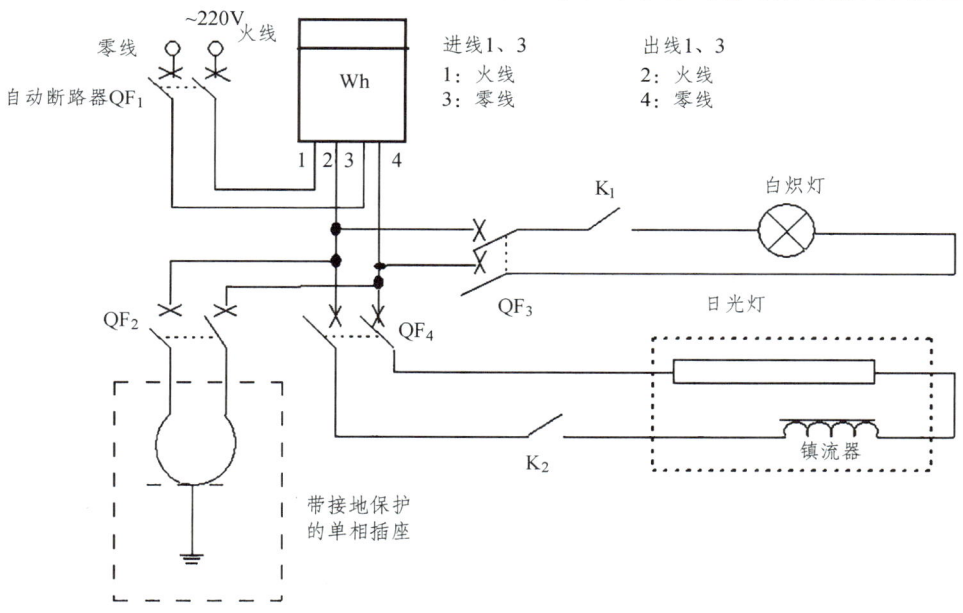

图 61　户用型电路图

四、实验内容

1. 请根据图 61 电路简述电路工作原理

2. 用 CAD 绘制图 61 所示电路（给出 CAD 电气图）

五、想一想

（1）学习 CAD 的心得体会有哪些？
（2）在设计上还有哪些改进的意见或建议？

实验实训 9　户用型电气原理电路系统的模拟与实现

一、实验实训目的

（1）根据实际需要筹备元器件清单及辅助材料。
（2）模拟与实现户用型电路。

二、实验实训仪器

9208 数字万用表，ZC-7 兆欧表，组合工具（剥线钳、尖嘴钳、钢丝钳等），加长电源板，防水胶带。

三、实验实训原理

1. 户用型电路如图 62 所示。

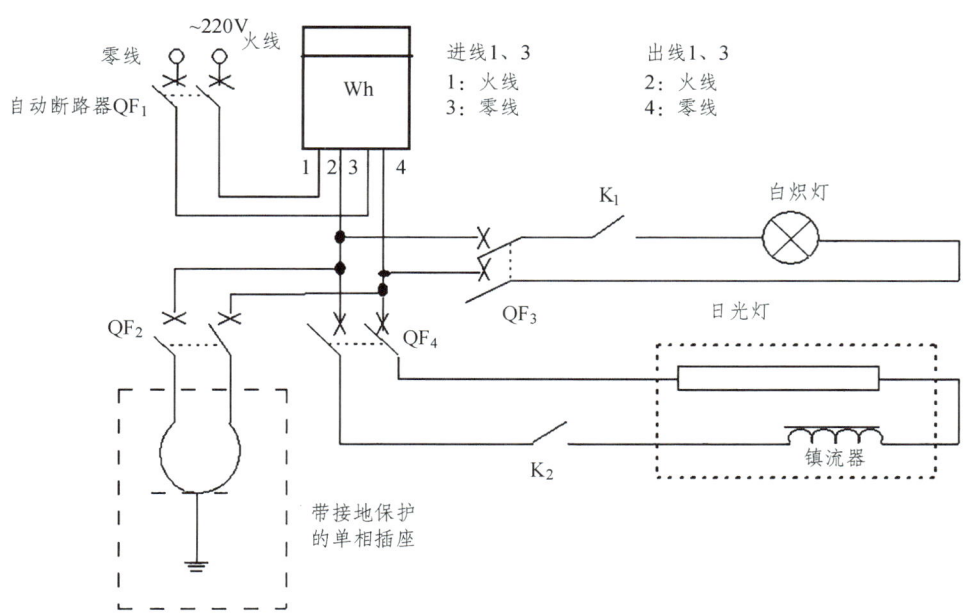

图 62　户用型电路图

2. 元器件清单

序号	名称	规格	数量	备注
1	双极控制空开	100 A	1 个	
2	单相电度表		1 块	
3	双极漏电保护器	63 A	3 个	
4	五孔明插		2 个	
5	双开		2 个	

续表

序号	名称	规格	数量	备注
6	单开		1个	
7	自攻螺丝		0.5 kg	
8	电线	红色 1.5 mm²	1圈	
9	电线	绿色 1.5 mm²	1圈	
10	电线	双色 1.5 mm²	1圈	
11	白炽灯及灯座	60W/白色	1套	
12	角钢	2.5	155 cm	

3. 实训操作台（图63）

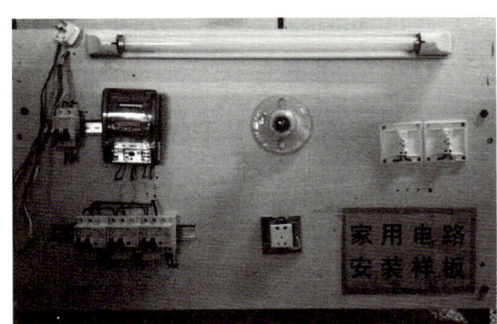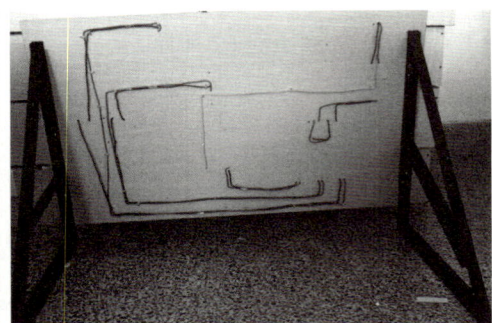

图63　户用型电路模拟实现操作板（60 cm × 100 cm）

四、实验实训内容

按照CAD电路与实训操作台，使用组合工具等进行装配（给出现场操作照片）。

五、想一想

（1）在装配器件过程中应注意哪些问题，电路装配是否还有可优化的地方？

（2）试车前应注意哪些问题，出现故障时应如何检修？

实验实训 10　电机降压启动控制原理分析及 CAD 设计

一、实验实训目的

（1）理解电机 Y/△ 换接降压启动控制原理。
（2）学会用 CAD 绘制电气原理图。

二、实验实训仪器

计算机 1 台（安装 CAD 软件）、打印机 1 台、A4 纸。

三、实验实训原理（图 64）

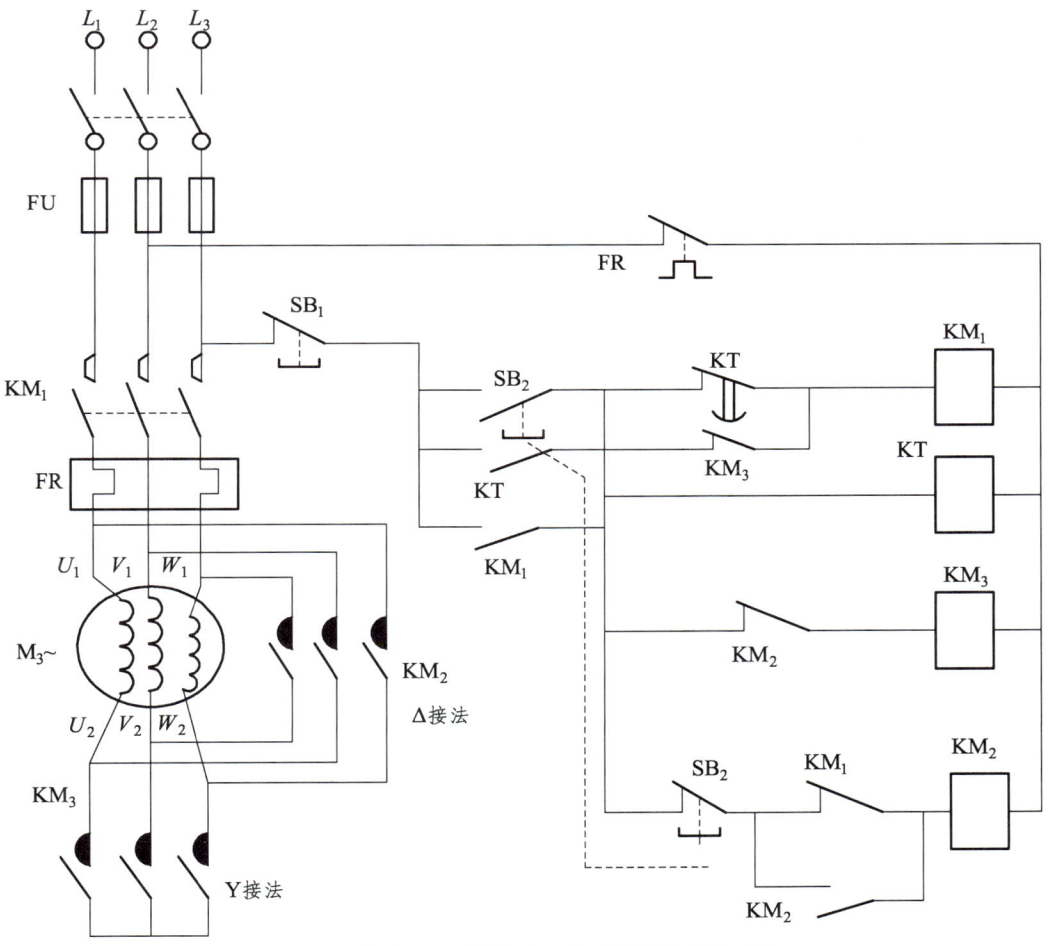

图 64　电机 Y/△ 换接降压启动控制电路原理

（1）按下启动按钮 SB_2，交流接触器 KM_1、KM_3 线圈回路通电，KM_1 辅助触点闭合，完成自锁，KM_1 主触头闭合，为电动机引进三相电源，L_1 接 U_1、L_2 接 V_1、L_3 接 W_1；

KM₃ 主触头闭合，U₂、V₂、W₂ 被 KM₃ 并接在一起。按钮 SB₂ 接成机械联锁，按下启动按钮 SB₂ 时 KM₂ 线圈断电；KM₁ 的另一辅助触点接在 KM₂ 线圈回路，构成电气联锁，当 KM₁ 闭合后该辅助触点断开，进一步保证 KM₂ 线圈断电，KM₂ 主触头不会闭合，电动机在星形（Y 形）接法下运行。同时，时间继电器 KT 线圈通电，开始定时；KT 的辅助触点闭合，与 KM₁ 辅助触点成并联关系。

（2）电动机在 Y 接法下运行过程中，与 KT 动断触点并联的 KM₃ 辅助触点断开，KM₁ 线圈由 KT 通电；当时间继电器定时时间到，KT 动断触点断开，KM₁ 线圈断电，KM₁ 主触点断开，电动机断电。同时，KM₂ 线圈回路的 KM1 触点闭合，KM₂ 线圈通电，KM₂ 辅助触点闭合构成自锁；KM₂ 主触点闭合，U₁-W₂、V₁-U₂、W₁-V₂ 被接通；KM₂ 通电后，接在 KM₃ 线圈回路的 KM₂ 辅助触点断开，KM₃ 断电，电动机接成三角形（△形）。KM₃ 线圈断电后，与 KT 动断触点并联的 KM₃ 辅助触点接通，KM₁ 线圈通电，KM₁ 主触点闭合，为电动机引进三相电源，L₁ 接 U₁、L₂ 接 V₁、L₃ 接 W₁，电动机在三角形（△形）接法下运行。

（3）当按下 SB₁ 时，线圈断电，电动机停止运行。

（4）按钮 SB₂ 接成机械联锁，接在 KM₂ 线圈回路的 KM₁ 另一辅助触点构成电气联锁，保证 KM₁ 与 KM₂ 不会同时通电闭合，避免造成电源短路。进行 Y－△ 换接是在接触器 KM₁ 主触点断开，即电动机断电的情况下，这样可以避免当 KM₃ 的动合触点尚未断开时 KM₂ 已吸合而造成电源短路；同时接触器 KM₃ 的动合触点在无电下断开，不发生电弧，可延长使用寿命。

四、实验实训内容

请用 CAD 绘制电机星-三角形换接降压启动控制电路图（给出 CAD 电路图）。

五、想一想

（1）简述使用 CAD 过程中的心得体会。
（2）在控制电路的设计方面，还有哪些可改进的？

实验实训 11 电机降压启动控制系统的模拟与实现

一、实验实训目的
（1）根据实际需要准备元器件及辅助材料。
（2）模拟与实现电机星三角形换接降压启动控制。

二、实验实训仪器
自制电机星三角形换接降压启动控制实训平台、9208 数字万用表、组合工具（剥线钳、尖嘴钳、钢丝钳等）。

三、实验实训原理

1. 工程要求

（1）按图 65 进行正确熟练地安装：元件在配线板上布置要合理，安装要正确、紧固，布线要求横平竖直，应尽量避免交叉跨越，接线紧固、美观。正确使用工具和仪表；

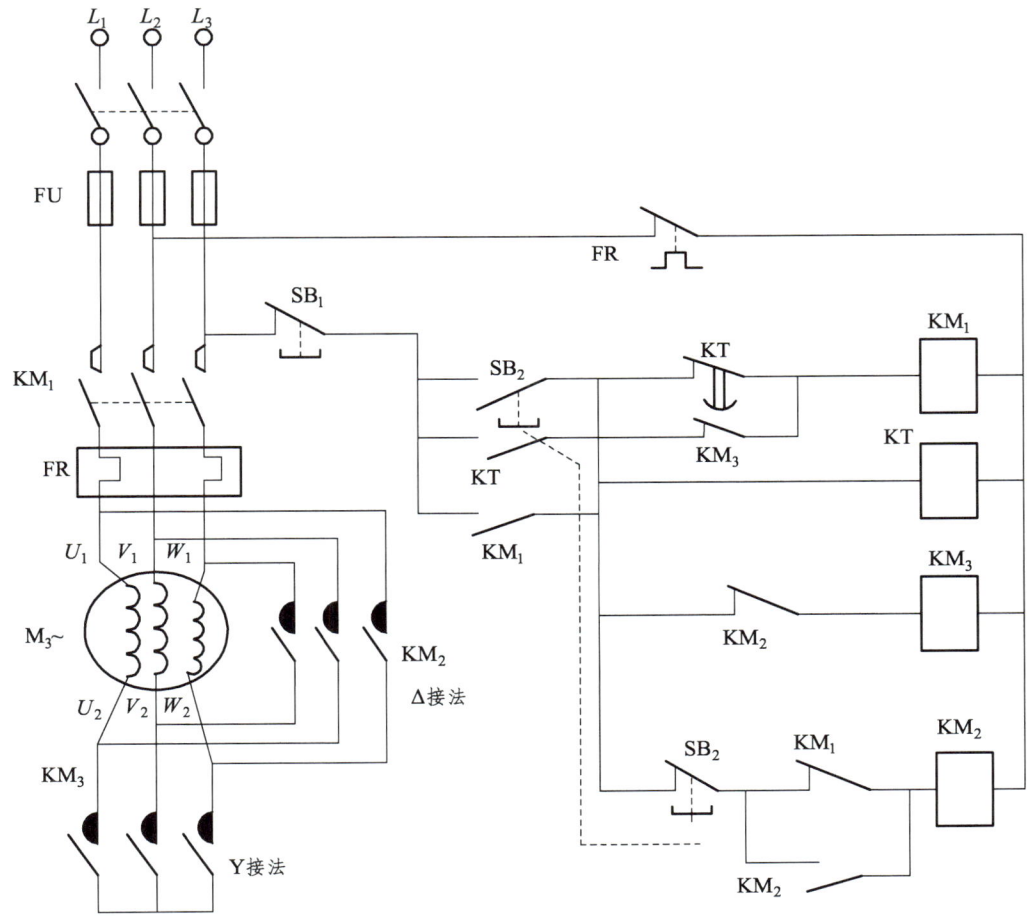

图 65 电机 Y/Δ 换接降压启动控制电路图

（2）按钮盒不固定在板上，电源和电动机配线、按钮接线要接到端子排上，要注明引出端子标号。

（3）安全文明操作。

2. 元器件清单

序号	名称	规格	数量	备注
1	三相交流异步电动机	Y/△	1台	
2	热继电器		1个	
3	时间继电器	JS14P，380 V/99 s	1个	
4	交流接触器	CJ20-16	3个	
5	轨道（背条）	小号	60 cm	
6	黑帽接线柱	小号	6个	
7	红帽接线柱	小号	2个	
8	按钮	红色	1个	
9	按钮	绿色	1个	
10	铜芯线	1.5 mm²（红、绿、蓝）	1批	
11	铜芯线	1.5 mm²（黄）	1批	
12	三孔明插座	白色	2个	
13	三孔明插头		2个	
	自攻螺丝		0.5 kg	

3. 实训操作台（图66）

图66　电机降压启动控制系统操作台（75 cm × 50 cm × 20 cm）

四、实验实训内容

1. 装配电路及辅助系统（给出装配操作图片、写出装配顺序）

2. 试车，测试控制效果（给出试车操作图片、写出试车顺序）

3. 检修故障（若出现故障，请分析原因并排除之）

五、想一想

（1）在装配器件过程中应注意哪些问题，电路装配是否还有可优化的地方？
（2）试车前应注意哪些问题，出现故障时应如何检修？

实验实训 12　电机双速控制电路原理分析及 CAD 设计

一、实验实训目的

（1）理解电机双速控制原理。
（2）学会用 CAD 绘制电气原理图。

二、实验实训仪器

计算机 1 台（安装 CAD 软件）、打印机 1 台、打印纸。

三、实验实训原理（图 67）

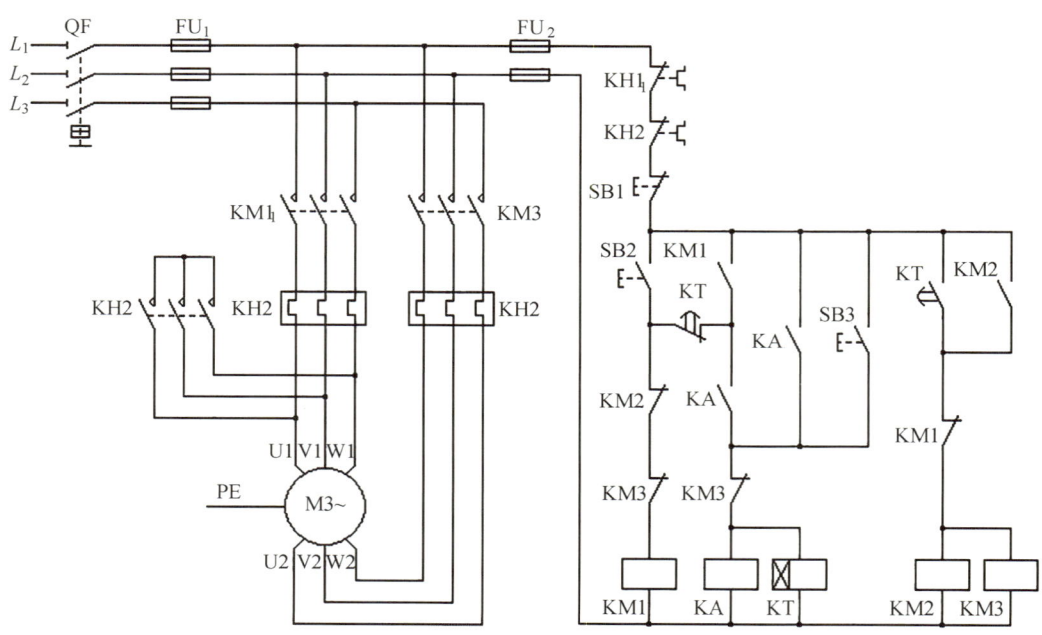

图 67　电机双速控制电路原理

工作原理分析：

（1）按下启动按钮 SB2，交流接触器 KM1 线圈回路通电并自锁，KM1 主触头闭合，为电动机引进三相电源，L_1 接 U_1、L_2 接 V_1、L_3 接 W_1；U_2、V_2、W_2 悬空。电动机在 △ 接法下运行。对照路图通路情况：SB1→KM1→KT→KM2→KM3→KM1→相线。

（2）按下 SB3 按钮，SB3 的常闭触点断开使接触器 KM1 线圈断电，KM1 主触头断开使 U_1、V_1、W_1 与三相电源 L_1、L_2、L_3 脱离。其辅助常闭触头恢复为闭合，为 KM2 线圈回路通电做准备。同时接触器 KM2 线圈回路通电并自锁，其常开触点闭合，将定子绕组三个首端 U_1、V_1、W_1 连在一起，并把三相电源 L_1、L_2、L_3 引入接 U_2、V_2、W_2，此时电动机在 YY 接法下运行。KM2 的辅助常开触点断开，防 KM1 误动。按下 SB3 按钮，对照线路图通路情况：SB1→KA→KM3→KA（KT）→相线，KA（KT）线圈通电，KA 控制的开关改变状态，即使 SB3 抬起，KA 自锁仍保证 KA（KT）线圈通电；KT（设定时间到）控制的形状改变状态，KM1 断电不工作，对照线路图通路情况：SB1→KT→KM1→KM2（KM3）→相线，KM2、KM3 工作。

（3）此控制回路中 SB2 的常开触点与 KM1 线圈串联，SB2 的常闭触点与 KM2 线圈串联，同样 SB3 按钮的常闭触点与 KM1 线圈串联，SB3 的常开触点与 KM2 线圈串联，这种控制就是按钮的互锁控制，保证△与 YY 两种接法不可能同时出现，同时 KM2 辅助常闭触点接入 KM1 线圈回路，KM1 辅助常闭触点接入 KM2 线圈回路，也形成互锁控制。

四、实验实训内容

请用 CAD 绘制图 67 电机双速控制电路图（给出 CAD 绘制的电路图）。

五、想一想

（1）本次绘图使用 CAD 的心得有哪些？
（2）在控制电路的设计方面，还有哪些改进的意见建议？

实验实训 13　电机双速控制系统的模拟与实现

一、实验实训目的

（1）根据实际需要筹备元器件清单及辅助材料。
（2）模拟与实现电机双速控制。

二、实验实训仪器

自制电机双速控制实训平台，9208数字万用表，组合工具（剥线钳、尖嘴钳、钢丝钳等）。

三、实验实训原理

1. 工程要求

（1）按图 68 正确熟练安装：元件在配线板上布置要合理，安装要正确、紧固，布线要求横平竖直，应尽量避免交叉跨越，接线紧固、美观。正确使用工具和仪表。

（2）按钮盒不固定在板上，电源和电动机配线、按钮接线要接到端子排上，要注明引出端子标号.

（3）安全文明操作。

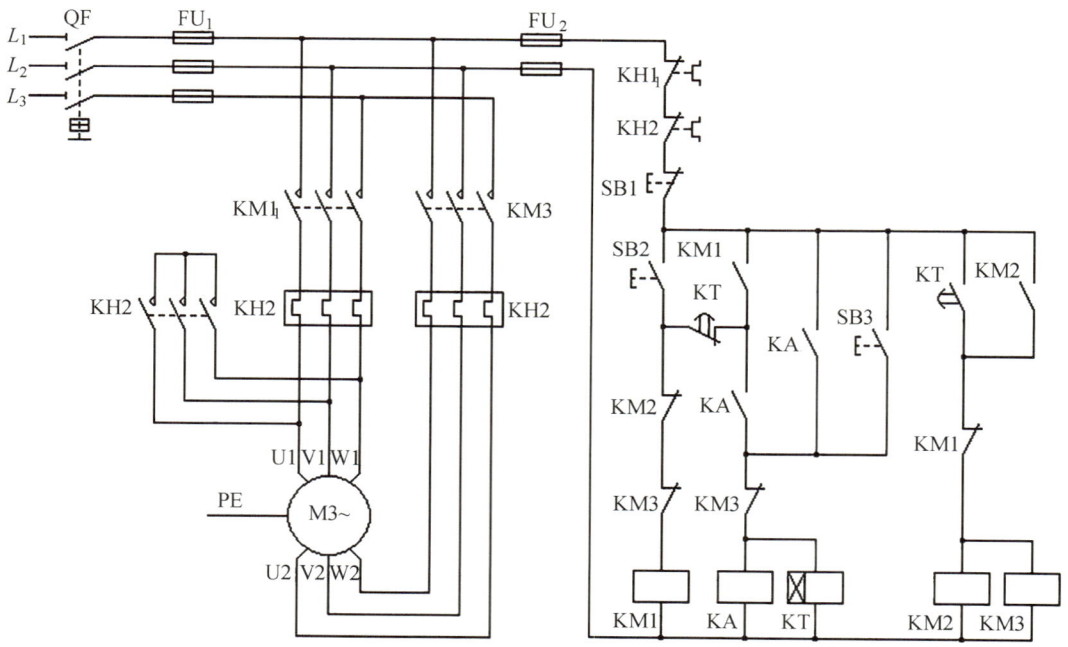

图 68　电机双速控制电路图

2. 元器件清单

序号	名称	规格	数量	备注
1	热继电器	中号 10 位	1 条	
2	时间继电器	JS14P，380 V/99 s	1 个	
3	交流接触器	CJ20-16	4 个	
4	轨道（背条）	小号	60 cm	
5	黑帽接线柱	小号	6 个	
6	红帽接线柱	小号	2 个	
7	常闭按钮	红色	1 个	
8	常开按钮	红色	0.5 kg	
9	铜芯线	1.5 mm^2（红、绿、蓝）	3 圈	
10	铜芯线	1.5 mm^2（黄）	1 圈	
11	三孔明插座	白色	2 个	
12	三孔明插头		1 个	
13	自攻螺丝		0.5 kg	

3. 实训操作台（图 69）

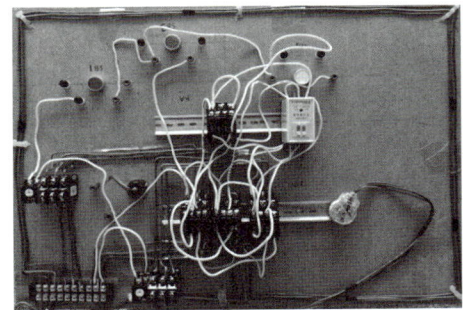

图 69　电机双速控制系统操作台（75 cm × 50 cm ×20 cm）

四、实验实训内容

1. 装配电路及辅助系统（给出装配操作图片、写出装配顺序）

2. 试车，测试控制效果（给出试车操作图片、写出试车顺序）

3. 检修故障（若出现故障，请分析原因并给予排除之）

五、想一想

（1）在装配器件过程中应注意哪些问题，电路装配是否还有可优化的地方？
（2）试车前应注意哪些问题，出现故障时应如何检修？

实验实训 14　可逆启动且带直流能耗制动的电路分析及 CAD 设计

一、实验实训目的

（1）理解可逆启动、带直流能耗制动的控制电路的工作原理。
（2）学会用 CAD 绘制电气原理图。

二、实验实训仪器

计算机 1 台（安装 CAD 软件）、打印机 1 台、打印纸。

三、实验实训原理

1. 分析图 70 所示的可逆启动、带直流能耗制动的控制电路工作原理

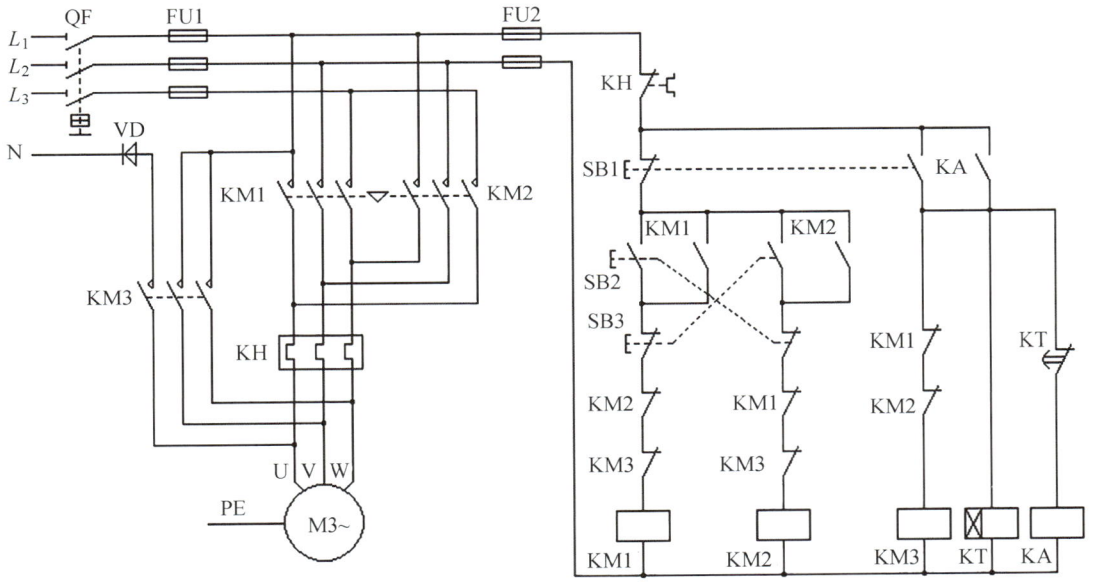

图 70　可逆启动、带直流能耗制动的控制电路原理图

2. 符号说明

（1）FU1、FU2 为熔断器（过流熔断）。
（2）QF 为电动机工作电源进线开关。
（3）KH 为热偶继电器（当主电路中 KH 过载或缺相时，控制电路中热偶继电器 KH 常闭节点断开，控制回路断电，主电路中 KM1、KM2、KM3 常开触点断开，电动机失电）。
（4）SB1、SB3 为常闭按钮（按一下瞬时打开，松手后闭合），SB2 为常开按钮（按一下瞬时闭合，松手后打开）。

（5）KM1、KM2、KM3、KT、KA 为继电器。主电路中 KM1 常开触点闭合时电动机正转，主电路中 KM2 常开触点闭合时电动机反转，主电路中 KM3 常开触点闭合时直流能耗制动，时间继电器 KT 线圈通电后到达整定时间常闭节点断开。

（6）VD 为二极管（单相导通），N 为中性线（U、V、W 三相电源星型连接时中性点引出线）。

3. 控制原理解析

（1）电动机正转。

合上电动机工作电源进线开关 QF、按下按钮 SB2 后 KM1 继电器线圈通电，控制回路中 KM1 常开触点闭合实现自锁（自锁是为了保证松开 SB2 后，KM1 线圈不失电）；控制回路中 KM1 常闭触点打开，保证 KM2 继电器线圈断电状态，实现互锁（互锁是为了保证主电路中电动机进线电源开关只有一个闭合，即主电路中 KM1、KM2 常开触点仅有一个闭合）；主电路中 KM1 常开触点闭合，电动机正转。

（2）电动机反转。

合上电动机工作电源进线开关 QF、按下按钮 SB3 后 KM2 继电器线圈通电，控制回路中 KM2 常开触点闭合实现自锁，控制回路中 KM2 常闭触点打开，保证 KM1 继电器线圈断电状态，实现互锁；主电路中 KM2 常开触点闭合，电动机反转（通过改变电动机进线电压 U、W 两相电压相序使电动机反转）。

（3）电动机直流能耗制动。

电动机转动时，按下紧急制动按钮 SB1 后，SB1 按钮的联动常开节点闭合，控制回路 KM1、KM2 继电器线圈断电，KM1、KM2 常闭触点闭合；控制回路 KM3 继电器线圈通电，KA 继电器线圈通电（KA 常开触点闭合实现 KM3 和 KT 自锁），时间继电器线圈 KT 通电；KM3 常闭节点断开，实现互锁；主电路中 KM3 常开触点闭合，进入直流能耗制动状态。时间继电器线圈 KT 通电计时，到达整定的时间 t 后，KT 的延时打开的常闭节点断开，KA 线圈断电，KA 常开触点断开，KM3 继电器线圈断电，主电路中 KM3 常开触点断开，直流能耗制动结束。

四、实验实训内容

请用 CAD 绘制图 70 可逆启动、带直流能耗制动的控制电路图（给出 CAD 电路图）。

五、想一想

（1）使用 CAD 绘制电路图的心得有哪些？

（2）在控制电路的设计方面，还有哪些改进的意见或建议？

（3）能否用"电机双速控制操作台"装配图 65 的电路，具体怎么做？

实验实训 15　互投电源电路原理分析及 CAD 设计

一、实验实训目的

（1）学会分析互投电源电路工作原理。
（2）能用 CAD 绘制电气原理图。
（3）学习检修互投电源电路运行故障。

二、实验实训仪器

计算机 1 台（安装 CAD 软件）、打印机 1 台、打印纸。

三、实验实训原理

1. 互投电源电路工作原理分析

互投电源电路工作原理如图 71 所示。

（1）左右两路电源供电正常情况。

① 闭合 QF1，按下 SB2，KM1 线圈得电，KM1 吸合。KM1 常闭触点闭合（K-03 与 K-05 接通），实现自锁；同时 KM 辅助触点闭合（1-06 与 1-07 接通），指示灯 RD1 点亮；同时 KM1 主触点闭合（1-04 与 1-09 接通、2-04 与 2-07 接通、3-04 与 3-07 接通），左电源通过左 L 向左负载供电；同时 KM1 辅助触点断开（K-12 与 K-17 断开、K-13 与 K-16 断开），切断右电源向 KM3 供电。

② 闭合 QF2，按下 SB3，KM2 线圈得电，KM2 吸合。KM2 辅助触点闭合（K-20 与 K-21 接通），实现自锁；同时 KM2 辅助触点闭合（1-18 与 1-19 接通），指示灯 RD2 点亮；同时 KM2 主触点闭合（1-12 与 1-11 接通、2-12 与 2-11 接通、3-12 与 3-11 接通），右电源通过右 L 向右负载供电；同时 KM2 辅助触点断开（K-08 与 K-10 断开、K-09 与 K-11 断开），切断左电源向 KM3 供电。三是按下 SB1，KM1 线圈断电，KM1 复位，主触点断开，停止左路供电。按下 SB4，KM2 线圈断电，KM2 复位，主触点断开，停止右路供电。

（2）手动切换情况一（左路电源供电正常，右路电源不供电，左路电源同时向左右负载供电）。

① 闭合 QF1，按下 SB2，KM1 线圈得电，KM1 吸合。KM1 辅助触点闭合（K-03 与 K-05 接通），实现自锁；同时 KM1 辅助触点闭合（1-06 与 1-07 接通），指示灯 RD1 点亮；同时 KM1 主触点闭合（1-04 与 1-09 接通、2-04 与 2-07 接通、3-04 与 3-07 接通），左电源通过左 L 向左负载供电；同时 KM1 辅助触点断开（K-12 与 K-17 断开、K-13 与 K-16 断开），切断右电源向 KM3 供电。

② 闭合 QF2，按下 SB3，KM2 线圈无电，KM2 不动作。KM2 主触点不闭合，右电源被切断；右负载不供电。

③ 左电源通过右 L 向右负载供电，由于 KM2 辅助触点保持闭合（K-08 与 K-10 接

通、K-09 与 K-11 接通），此时，闭合 SA3，左电源向 KM3 供电，KM3 吸合。同时 KM3 辅助触点闭合（K-14 与 K-25 接通），指示灯 RD3 点亮；同时 KM3 主触点闭合（1-09 与 1-10 接通、2-07 与 2-10 接通、3-07 与 3-10 接通），此时，闭合 QF3，左电源通过右 L 向右负载供电。

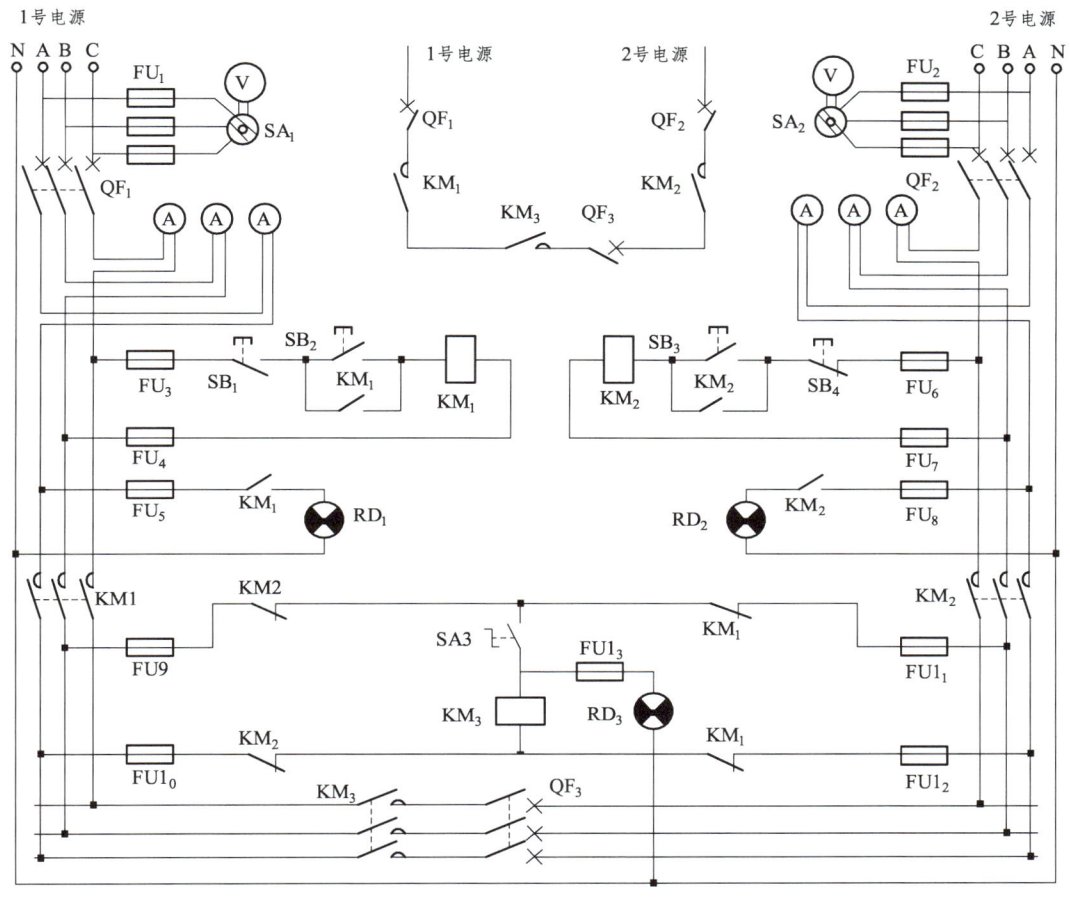

图 71　互投电源电路工作原理图

（3）手动切换情况二（右路电源供电正常，左路电源不供电，右路电源同时向左右负载供电）。

① 闭合 QF1，按下 SB1，KM1 线圈无电，KM1 不动作。KM1 主触点不闭合，左电源被切断；左负载不供电。

② 闭合 QF2，按下 SB3，KM2 线圈得电，KM2 吸合。KM2 辅助触点闭合（K-20 与 K-21 接通），实现自锁；同时 KM2 辅助触点闭合（1-18 与 1-19 接通），指示灯 RD2 点亮；同时 KM2 主触点闭合（1-12 与 1-11 接通、2-12 与 2-11 接通、3-12 与 3-11 接通），右电源通过右 L 向右负载供电；同时 KM2 辅助触点断开（K-08 与 K-10 断开、K-09 与 K-11 断开），切断左电源向 KM3 供电。

③ 右电源通过左 L 向左负载供电：由于 KM1 辅助触点保持闭合（K-12 与 K-17 接

通、K-13 与 K-16 接通），此时，闭合 SA3，右电源向 KM3 供电，KM3 吸合。同时 KM3 辅助触点闭合（K-14 与 K-25 接通），指示灯 RD3 点亮；KM3 主触点闭合（1-09 与 1-10 接通、2-07 与 2-10 接通、3-07 与 3-10 接通），此时闭合 QF3，右电源通过左 L 向左负载供电。

（4）自动切换情况（左右互投供电）。

① 闭合 QF1，按下 SB2，KM1 线圈得电，KM1 吸合，左电源通过左 L 向左负载供电。

② 闭合 QF2，按下 SB3，KM2 线圈得电，KM2 吸合，右电源通过右 L 向右负载供电。

③ 自动切换：闭合 QF3；闭合 SA3。

如果左电源停电，则 KM1 断电复位，KM1 辅助触点闭合（K-12 与 K-17 接通、K-13 与 K-16 接通），右电源向 KM3 供电，KM3 吸合。同时 KM3 辅助触点闭合（K-14 与 K-25 接通），指示灯 RD3 点亮；同时 KM3 主触点闭合（1-09 与 1-10 接通、2-07 与 2-10 接通、3-07 与 3-10 接通），右电源通过左 L 向左负载供电。

如果右电源停电，则 KM2 断电复位，KM2 辅助触点闭合（K-08 与 K-10 接通、K-09 与 K-11 接通），左电源向 KM3 供电，KM3 吸合。同时 KM3 辅助触点闭合（K-14 与 K-25 接通），指示灯 RD3 点亮；同时 KM3 主触点闭合（1-09 与 1-10 接通、2-07 与 2-10 接通、3-07 与 3-10 接通），左电源通过右 L 向右负载供电。

四、实验实训内容

1. 请分析四种状态下的电路工作原理

2. 请用 CAD 绘制图 67 互投电源电路原理图（给出 CAD 电路图）

五、想一想

（1）简要阐述 CAD 绘制电路的心得。
（2）在控制电路的设计方面，还有哪些改进的意见或建议？
（3）你能否自行模拟与实现互投电源电路，具体怎么做？
（4）根据图 72，正确分析、判断与处理低压电源互为备用自动投入电路 2#电源不能自投故障。

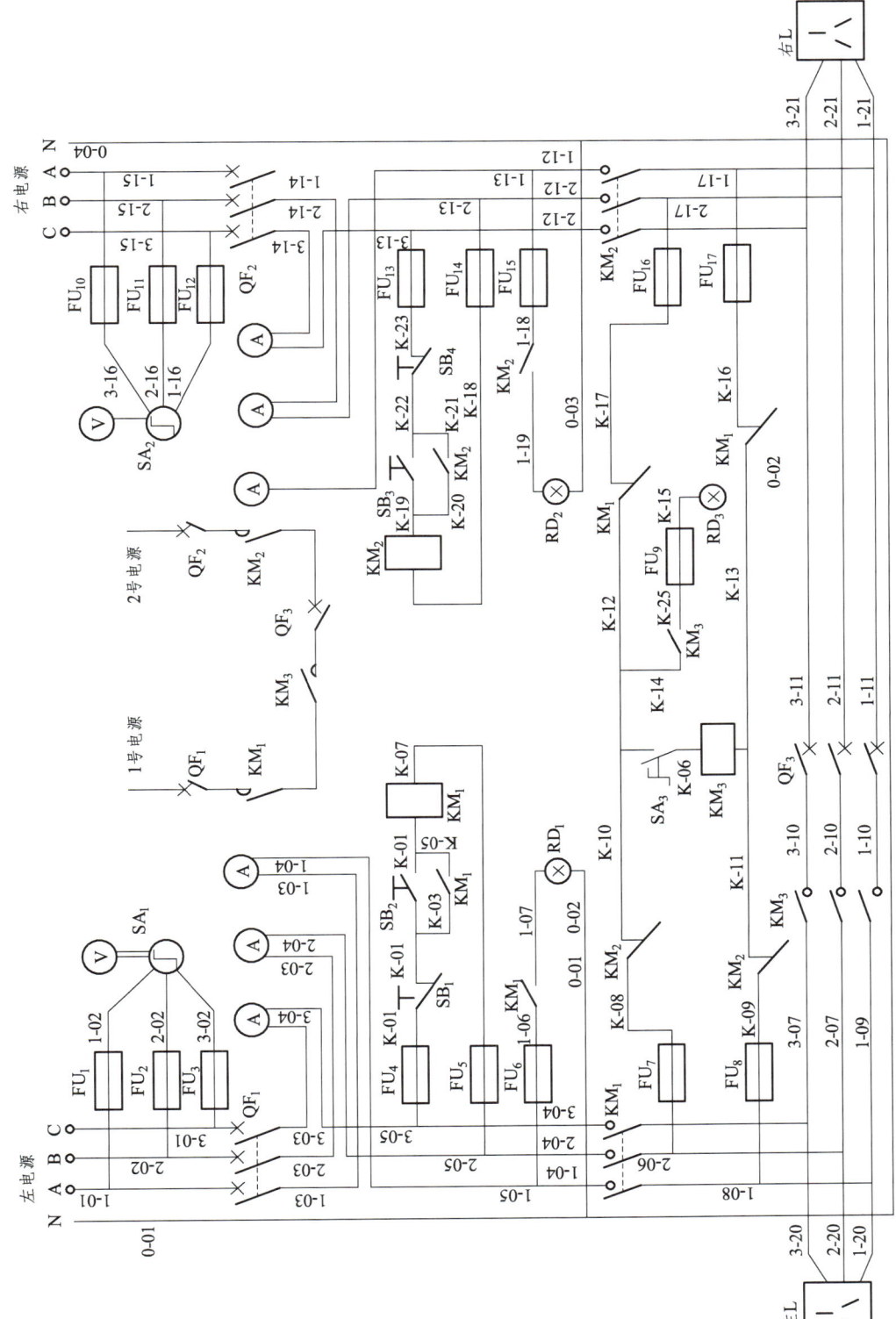

图 72 低压电源互为备用自动投入电路

095

实验实训16　三相异步电动机的选用与检修

一、实验实训目的

（1）理解选用三相异步电动机的原则。
（2）学习检查三相异步电动机故障的基本方法与技巧。
（3）学习检修三相异步电动机定子绕组典型故障。
（4）学习检修三相异步电动机转子绕组典型故障。

二、实验实训仪器

9208数字万用表、ZC-7兆欧表、钳形电流表、JW-6134三相异步电动机、通用组合工具、变压器（220 V/36 V）、低压校验灯、专用故障检修工具。

三、实验实训原理

1. 三相异步电动机的选用
（1）根据供电电源的电压和频率来选择。
（2）根据电动机的工作环境来选择。
（3）根据负载情况来选择。
（4）根据电动机的转速来选择。

2. 常见故障分析
一类是机械故障，如负载过大，轴承损坏，转子扫镗（转子外圆与定子内壁摩擦）等；另一类是电气故障，如绕组断路或短路等。三相异步电动机的故障现象比较复杂，如果原因不明，可按如下方法进行检查。

（1）一般的检查顺序是先外部后内部、先机械后电气、先控制部分后机组部分，采用"问、看、听、闻、摸"的方法。

（2）检查三相电源是否有电。

（3）检查电源开关、控制电路是否有故障，如接线、熔断器是否完好等，可用电笔检查或万用表测量，确定电源三相是否对称，是否缺相或虚接，是否欠压等。

（4）检查电动机负载是否正常，有无机械卡死、负载过大、电网容量不够等问题。

在三相电源正常情况下，确定负载是否有问题的最简单的方法是：卸下电动机负载，让电动机空载运行，听其声，闻其味，用手触摸电动机外壳，测试其发热情况。若电动机一切正常，则基本可确定为电动机的负载有问题。若电动机通电时，发热很快，甚至冒烟，或发出不正常声音，应立即停电检查。

（5）检查电动机本身故障时，先打开接线盒检查是否有接线错误、断线、掉头或烧焦等现象。

（6）观察电动机外表有无异常情况，端盖、机壳有无裂痕。

用手摆动转轴，观察有无轴窜现象；用手转动转轴，观察转动是否灵活，有无扫镗和轴承问题。若声音异常，可检查润滑油是否干涸、轴承是否损坏或缺损等。

（7）如果表面观察难以确定故障原因，可以使用仪表测量。

拆卸电动机，用兆欧表分别测量绕组相间绝缘电阻、对地绝缘电阻，检查定子绕组是否存在断线、绕组烧毁、相间短路或对外壳短接。一般电动机故障发热后，拆卸电动机时能闻到焦糊味，绕组绝缘层可能变色甚至有明显的焦痕，一般小型电动机要进行绕组的重绕，中型电动机视损坏程度，部分更换或全部重绕。如果绝缘电阻符合要求，用电桥分别测量三相绕组的直流电阻是否平衡。

（8）检查转子和转轴，若无明显问题，检查笼条、端环是否断裂。

3．典型故障实例剖析

（1）"通电后电动机不能转动，无异响，也无异味和冒烟"故障。

故障原因分析：① 电源未通（至少两相未通）；② 熔丝熔断（至少两相熔断）③ 过流继电器调得过小；④ 控制设备接线错误。

故障排除方法：① 检查电源回路开关，熔丝、接线盒处是否有断点，修复；② 检查熔丝型号、熔断原因，换新熔丝；③ 调节继电器整定值与电动机配合；④ 改正接线。

（2）"通电后电动机不转，然后熔丝烧断"故障。

故障原因分析：① 缺一相电源，或线圈一相反接；② 定子绕组相间短路；③ 定子绕组接地；④ 定子绕组接线错误；⑤ 熔丝截面过小；⑤ 电源线短路或接地。

故障排除方法：① 检查刀闸是否有一相未合好，电源回路有一相断线，消除反接故障；② 查出短路点，予以修复；③ 消除接地；④ 查出误接，予以更正；⑤ 更换熔丝；③ 消除接地点。

（3）"通电后电动机不转有嗡嗡声"故障。

故障原因分析：① 定、转子绕组有断路（一相断线）或电源一相失电；② 绕组引出线始末端接错或绕组内部接反；③ 电源回路接点松动，接触电阻大；④ 电动机负载过大或转子卡住；⑤ 电源电压过低；⑥ 小型电动机装配太紧或轴承内油脂过硬；⑦ 轴承卡住。

故障排除方法：① 查明断点予以修复；② 检查绕组极性，判断绕组末端是否正确；③ 紧固松动的接线螺丝，用万用表判断各接头是否虚接，予以修复；④ 减载或查出并消除机械故障；⑤ 检查是否把规定的面接法误接为Y；是否由于电源导线过细使压降过大，予以纠正，⑥ 重新装配使之灵活；更换合格油脂；⑦ 修复轴承。

（4）"电动机启动困难，额定负载时，电动机转速低于额定转速较多"故障。

故障原因分析：① 电源电压过低；② Y/△接法有误；③ 笼型转子开焊或断裂；④ 定转子局部线圈错接、接反；③ 修复电机绕组时增加匝数过多；⑤ 电机过载。

故障排除方法：① 测量电源电压，设法改善；② 纠正接法；③ 检查开焊和断点并修复；④ 查出误接处，予以改正；⑤ 恢复正确匝数；⑥ 减载。

（5）"电动机空载电流不平衡，三相相差大"故障。

故障原因分析：① 重绕时，定子三相绕组匝数不相等；② 绕组首尾端接错；③ 电源电压不平衡；④ 绕组存在匝间短路、线圈反接等故障。

故障排除方法：① 重新绕制定子绕组；② 检查并纠正；③ 测量电源电压，设法消除不平衡；④ 峭除绕组故障。

（6）"电动机空载，过负载时，电流表指针不稳，摆动"故障。

故障原因分析：① 笼型转子导条开焊或断条；② 绕线型转子故障（一相断路）或电刷、集电环短路装置接触不良。

故障排除方法：① 查出断条予以修复或更换转子；② 检查绕转子回路并加以修复。

（7）"电动机空载电流平衡，但数值大"。

故障原因分析：① 修复定子绕组匝数减少过多；② 电源电压过高；③ Y/△ 接法有误；④ 电机装配中，转子装反，使定子铁芯未对齐，有效长度减短；⑤ 气隙过大或不均匀；⑥ 大修拆除旧绕组时，使用热拆法不当，使铁芯烧损。

故障排除方法：① 重绕定子绕组，恢复正确匝数；② 设法恢复额定电压；③ Y/△ 接法互换；④ 重新装配；⑤ 更换新转子或调整气隙；⑥ 检修铁芯或重新计算绕组，适当增加匝数。

（8）"电动机运行时响声不正常，有异响"故障。

故障原因分析：① 转子与定子绝缘纸或槽楔相擦；② 轴承磨损或油内有砂粒等异物；③ 定转子铁芯松动；④ 轴承缺油；⑤ 风道填塞或风扇擦风罩；⑥ 定转子铁芯相擦；⑦ 电源电压过高或不平衡；⑧ 定子绕组错接或短路。

故障排除方法：① 修剪绝缘，削低槽楔；② 更换轴承或清洗轴承；③ 检修定、转子铁芯；④ 加油；⑤ 清理风道；重新安装置；⑥ 消除擦痕，必要时车内小转子；⑦ 检查并调整电源电压；⑧ 消除定子绕组故障。

（9）"运行中电动机振动较大"故障。

故障原因分析：① 由于磨损轴承间隙过大；② 气隙不均匀；③ 转子不平衡；④ 转轴弯曲；⑤ 铁芯变形或松动；⑥ 联轴器（皮带轮）中心未校正；⑦ 风扇不平衡；⑧ 机壳或基础强度不够；⑨ 电动机地脚螺丝松动；⑩ 笼型转子开焊断路；绕线转子断路；加定子绕组故障。

故障排除方法：① 检修轴承，必要时更换；② 调整气隙，使之均匀；③ 校正转子动平衡；④ 校直转轴；⑤ 校正重叠铁芯；⑥ 重新校正，使之符合规定；⑦ 检修风扇，校正平衡，纠正其几何形状；⑧ 进行加固；⑨ 紧固地脚螺丝；⑩ 修复转子绕组；修复定子绕组。

（10）"轴承过热"故障。

故障原因分析：① 滑脂过多或过少；② 油质不好含有杂质；③ 轴承与轴颈或端盖配合不当（过松或过紧）；④ 轴承内孔偏心，与轴相擦；⑤ 电动机端盖或轴承盖未装平；⑥ 电动机与负载间联轴器未校正，或皮带过紧；⑦ 轴承间隙过大或过小；⑧ 电动机轴弯曲。

故障排除方法：① 按规定加入润滑脂（容积的 1/3～2/3）；② 更换清洁的润滑滑脂；③ 过松可用粘结剂修复，过紧应车磨轴颈或端盖内孔，使之适合；④ 修理轴承盖，消除擦点；⑤ 重新装配；⑥ 重新校正，调整皮带张力；⑦ 更换新轴承；⑧ 校正电机轴或更换转子。

（11）"电机过热甚至冒烟"故障。

故障原因分析：① 电源电压过高，使铁芯发热大大增加；② 电源电压过低，电动机又带额定负载运行，电流过大使绕组发热；③ 修理拆除绕组时，采用热拆法不当，烧伤铁芯；④ 定转子铁芯相擦；⑤ 电动机过载或频繁启动；⑥ 笼型转子断条；⑦ 电动机缺相，两相运行；⑧ 重绕后定子绕组浸漆不充分；⑨ 环境温度高电动机表面污垢多，或通风道堵塞；⑩ 电动机风扇故障，通风不良；定子绕组故障（相间、匝间短路；定子绕组内部连接错误）。

故障排除方法：① 降低电源电压（如调整供电变压器分接头），若是电机Y、△接法错误引起，则应改正接法；② 提高电源电压或换粗供电导线；③ 检修铁芯，排除故障；④ 消除擦点（调整气隙或挫、车转子）；⑤ 减载，按规定次数控制启动；⑥ 检查并消除转子绕组故障；⑦ 恢复三相运行；⑧ 采用二次浸漆及真空浸漆工艺；⑨ 清洗电动机，改善环境温度，采用降温措施；⑩ 检查并修复风扇，必要时更换；检修定子绕组，消除故障。

四、实验实训内容

1. 定子绕组端部短路故障的检修

（1）训练步骤：① 拆开电机，将出线盒内的接线片拆下（Y/△联结）；② 用万用表或校验灯查处断路的一相绕组；③ 逐步缩小断路故障范围，最后找出故障所在的线圈；④ 将定子绕组放在烘箱加热，使线圈的绝缘漆软化，再设法找出故障点，断路故障一般均发生在线圈之间的连接线出或铁芯槽口处；⑤ 视故障实际情况进行处理。如断点发生在端部，则可将断路处恢复加焊后再进行绝缘处理；如断点发生在在槽口或槽内，则可拆除故障线圈，用穿绕修补法进行修理或重新绕制；⑥ 将绕组及电动机复原。

（2）评分标准见表7。

2. 定子绕组匝间短路故障检修（故障现象：电动机启动后过热，匝间短路）

（1）训练步骤：① 询问故障现象为电动机启动后过热，分析故障原因可能是：a 电源电压过大或三相电压差过大，导致电流过大；b 电动机过载；c 电源或定子绕组某一相断路，造成电动机缺相运行；d 定子绕组局部短路，相间短路，绕组通地；e 转子与定子相擦。② 对上述分析原因进行逐一排查，经检查电源电压正常，负载正常；在停电情况下，用手转动转子，运转灵活；确定故障可能是定子；③ 按电动机拆卸步骤拆开电动机，用起吊设备取出转子和端盖，拆开接线盒内的连接片和电源线；④ 用兆欧表检测电动机相间绝缘性能，若绝缘阻抗为零，则是相间短路；⑤ 将定子绕组烘焙加热至绝缘漆软化，拆开一相绕组各线圈的连接处，用淘汰法找出与另一相绕组短路的线圈；⑥ 将36 V电源与灯泡串联后，一端接故障线圈的一个端点，另一端接另一相绕组的一个端点，若灯亮则故障就在该处；⑦ 用划线板轻轻拨动故障线圈的前、后端部，当拨到某一点时,灯光闪动,该点就是相间短路点;⑧ 用复合青壳纸做相间绝缘材料垫在故障点处,恢复相间绝缘;⑨ 用校验灯和兆欧表复验,校验灯完全熄灭,故障处绝缘部位电阻应大于 0.5 MΩ;⑩ 将整个连接线恢复包扎整形。在故障处刷涂或浇注绝缘漆后烘干。重新装配电动机。对电动机进行修复后的有关实验(直流参数测量、绝缘性能测量、耐压性试验、转速试验、检测空载电流)。

表 7　定子绕组端部断路故障检修评分标准表

序号	主要内容	技术要求	评分标准	配分	扣分	得分
1	调查研究	1. 对故障进行甄别,弄清故障现象; 2. 查阅有关记录	排除故障前不进行调查研究,扣 10 分	10		
2	故障分析	1. 根据故障现象,分析故障原因,思路正确; 2. 判明故障部位; 3. 采取有针对性的处理方法进行故障部位修复	1. 故障分析思路不清晰,扣 15 分; 2. 确定最小故障范围不明确,扣 15 分	30		
3	故障排除	1. 正确使用感觉和仪表; 2. 找出故障点并排除故障; 3. 排除故障时要遵守电动机检修的有关工艺要求; 4. 根据故障情况进行电气实验	1. 找不出故障点,扣 15 分; 2. 不能排除故障,扣 15 分; 3. 排除故障方法不正确,扣 15 分; 4. 根据故障情况不会进行电气实验,扣 15 分	60		
4	其他	操作如有失误,要从此项总分中扣分	1. 排除故障时,产生新的故障后不能自行修复,每个故障从本项总分中口 10 分:已修复,每个故障从本项总分中扣 5 分; 2. 损坏电动机,从本项总分中扣 40～100 分			
			合计	100		
备注			教师 签字			
					年　月　日	

（2）评分标准见表8。

表8　定子绕组匝间短路故障检修评分标准表

序号	主要内容	技术要求	评分标准	配分	扣分	得分
1	调查研究	1. 对故障进行甄别，弄清故障现象； 2. 查阅有关记录	排除故障前不进行调查研究，扣10分	10		
2	故障分析	1. 根据故障现象，分析故障原因，思路正确； 2. 判明故障部位； 3. 采取有针对性的处理方法进行故障部位修复	1. 故障分析思路不清晰，扣15分； 2. 确定最小故障范围不明确，扣15分	30		
3	故障排除	1. 正确使用感觉和仪表； 2. 找出故障点并排除故障； 3. 排除故障时要遵守电动机检修的有关工艺要求； 4. 根据故障情况进行电气实验	1. 找不出故障点，扣15分； 2. 不能排除故障，扣15分； 3. 排除故障方法不正确，扣15分； 4. 根据故障情况不会进行电气实验，扣15分	60		
4	其他	操作如有失误，要从此项总分中扣分	1. 排除故障时，产生新的故障后不能自行修复，每个故障从本项总分中扣10分；已修复，每个故障从本项总分中扣5分； 2. 损坏电动机，从本项总分中扣40～100分			
			合计	100		
备注			教师签字		年　月　日	

五、想一想

（1）选用三相异步电动机应依据哪些原则？

（2）简述三相异步电动机的检查顺序与方法。

（3）三相异步电动机的定子绕组常见故障有哪些，具体如何检修？

（4）三相异步电动机的转子绕组常见故障有哪些，具体如何检修？

实验实训17　单相异步电动机的维护与检修

一、实验实训目的

（1）掌握维护单相异步电动机的知识。
（2）学习检修单相异步电动机的基本方法与技巧。
（3）学习处理单相异步电动机的典型故障。

二、实验实训仪器

单相异步电动机、9208数字万用表、ZC-7兆欧表、钳形电流表、转速表，组合工具。

三、实验实训原理

单相异步电动机是一种将电能转换为机械能的装置，通常其容量较小，只需单相电源供电，使用方便。典型应用如洗衣机、电风扇、冰箱、空调、水泵、鼓风机、粉碎机、豆浆机等。结构方面，普通的单相感应电动机与多相笼型电动机类似，除了定子绕组排列不同。单相绕组产生两个相等的正向和反向旋转磁势波，由于他们是对称的，当电机静止时，它会产生两个大小相等方向正好相反的转矩，这两个转矩相互抵消使马达本身没有合成启动转矩，此时如果采用辅助手段使电机启动起来后，将会产生一个沿着启动方向的合成转矩（此转矩非零），从而使电机持续地运转下去。单相异步电动机通常使用双旋转磁场理论来分析。

单相电机根据启动情况不同可分为三种：① 裂相启动，它又分为电阻和电容两种；电容裂相则还可分三类：启动、运行、双电容。② 罩极启动，它分为凸极和隐极两个类型。③ 串励启动，交流、直流都可用。单相异步电动机用单相交流电源供电，可广泛应用于家庭生活和日常生产需要机械动力的各种电器中。此外，它还具有结构简单、造价低、价格便宜等优点。和三相异步电动机相比，其不足之处是效率和功率因数都较低，功率不宜做大。

1. 裂相启动单相异步电动机

"裂相"是指将单相电源分成两个相位不同的"两相"电源，其工作原理可自行查询。它有两套绕组：一套叫工作绕组，习惯称为主绕组；另一套叫做启动绕组，习惯称为副绕组或辅绕组。"裂相"启动单相异步电动机又可分为电阻裂相和电容裂相两大类，其中电容裂相的较常用，并且又可分为电容启动、电容启动和运行（称为单值电容）、电容启动加电容运行（称为双值电容）三类。

（1）电容启动类单相异步电动机的启动绕组串联一个电容器和一个离心开关（电机转子静止和未达到规定转速时触点是闭合的，转速达到和超过规定值后将在离心力的作用下使触点打开，从而断开启动绕组的电源）后与电源相连。电机启动完成后，启动绕组脱离电源，只留下主绕组通电工作运行。

（2）电容启动和运行类单相异步电动机的启动绕组只串联一个电容器后就和电源相接，所以在启动和运行时将始终和电源相连。

（3）电容启动加电容运行类单相异步电动机的启动绕组和两个并联的电容器相串联后接电源，其中一个电容器串联一个离心开关，启动完成后将与电源断开；另一个电容器会始终与电源相接。可以看出，这种类型是上述两种的组合。因为有两个电容器，所以被称为"双值电容单相电动机"。

2. 罩极启动单相异步电动机

其又被称为遮极启动，其工作原理可自行查询。它也有两套绕组：一套叫工作绕组；另一套叫做启动绕组。

根据定子铁芯形状的不同，罩极启动单相异步电动机又可分为凸极和隐极两大类，其中凸极的应用较多。实际上，启动绕组一般为一个铜环，也被称为短路环。以上各种电动机的转子都是笼形铸铝转子。

3. 串励启动单相异步电动机

其转子绕组不是笼形铸铝的，而是像直流电机的电枢那样，转子和定子绕组通过电刷和换向器相连接。该类电动机也可使用直流电源供电（但所用直流电源的电压与交流不同，所以不可随意使用），所以也被称为交、直流两用电机。其常被用作手动工具（如手电钻、电吹风等）以及家用缝纫机上的动力。

四、实验实训内容

1. 单相异步电动机维护

（1）维护训练步骤（表9）。

接线时应正确区分工作绕组与启动绕组，并注意它们的首、尾端，如果出现标志脱落，则电阻大者为辅助绕组；更换电容应注意耐压值与工作电压一致，启动电容应选用专用电解电容，时间不超过 3 s。单相启动式电动机，只有在电动机静止或转速低到使离心开关闭合时，才能启用对其改变方向的接线；严格对应额定频率（60/50 Hz）与电源频率（60/50 Hz）一致，否则会造成电动机过热或烧毁。

表9　维护过程状态记录表

序号	维护项目	维护过程照片	维护过程描述
1	检查电动机绝缘电阻		
2	电动机机温检查		
3	机械性能检查		
4	运行中听声音		
5	监视机壳是否漏点		
6	清洁		

（2）单相异步电动机的故障处理（表10）。

其检修也是通过"听、看、闻、摸"等手段来进行的。

① 故障分析时，其与三相异步电动机类似，会有机械构件故障、绕组断路、短路、接地等。由于单相异步电动机的特殊结构，也会有启动装置故障、启动绕组故障、电容器故障等情况。

表10 单相异步电动机常见故障及原因分析表

序号	故障现象	造成故障可能原因
1	无法启动	1. 2. 3. ……
2	启动转矩很小或启动迟缓且转向不定	1. 2. 3. ……
3	电动机转速低于正常转速	1. 2. 3. ……
4	电动机过热	1. 2. 3. ……
5	电动机转动时噪声过大或振动大	1. 2. 3. ……

② 阐述典型故障处理方法：

电动机通电后不转，发出"嗡嗡"声，用外力推动后可正常旋转的故障。

电动机通电后不转，发出"嗡嗡"声，用外力推动也不能使之旋转的故障。

电动机通电后不转，没有"嗡嗡"声，用外力推动也不能使之旋转的故障。

（3）维护过程评分标准（表11）。

表11 维护过程评分表

序号	主要内容	技术要求	评分标准	配分	扣分	得分
1	电动机维护（不正确则扣5分）	检查电动机绝缘电阻	测试电动机绝缘电阻	5		
		检查电动机机温	检查电动机机温	5		
		检测机械性能	检测机械性能	5		
		听取运行中的声音	听取运行中的声音	5		
		检测机壳是否漏点	检测机壳是否漏点	5		
		清洁	清洁不彻底，扣5分	5		
2	调查研究	1. 对故障进行调查，弄清出现故障时的现象； 2. 查阅有关记录	排除故障前不进行调查研究（扣5分）	5		
3	故障分析	1. 根据故障现象，分析故障原因，思路正确； 2. 判明故障部位； 3. 采取有针对性的处理方法今行故障部位的修复	1. 故障分析思路不够清晰扣5分； 2. 不能确定最小故障范围，每个故障点扣5分	15		
4	故障处理	1. 正确使用工具和仪表； 2. 找出故障点并排除故障； 3. 排除故障时要遵守电动机检修的有关工艺要求； 4. 根据故障情况进行电气试验	1. 找不到故障点，扣15分； 2. 不能排除故障点，扣15分； 3. 排除故障方法不正确，扣5分； 4. 根据故障情况不会进行电气试验，扣15分	50		
5	其他	操作如有失误，要从此项总分中扣分	1. 排除故障时，产生新的故障后不能自行恢复，每个故障从本项总分中扣10分，已经修复，每个故障从本项总分中扣5分； 2. 损坏电动机从本项总分中扣40~100分			
			合计	100		
备注			教师签字　　　　　　　　　年　月　日			

105

五、想一想

（1）为什么在拆卸电动机以前要做标记？
（2）电动机转速低于正常转速应该如何修理？
（3）电动机过热应该如何处理？

实验实训 18　直流电动机的拆装火花等级鉴别和电刷中性线几何位置调整

一、实验实训目的

（1）识别并抄写直流电动机的铭牌参数。
（2）掌握拆装直流电动机的正确方法。
（3）能正确鉴别直流电动机的火花等级。
（4）学会调整直流电动机的电刷中性线几何位置。

二、实验实训仪器

直流电动机、9208 数字万用表、ZC-7 兆欧表、钳形电流表、转速表、晶体管毫伏表、稳压电源、专用组合工具。

三、实验实训原理

直流电机（direct current machine）是指能将直流电能转换成机械能（直流电动机）或将机械能转换成直流电能（直流发电机）的旋转电机。它是能实现直流电能和机械能互相转换的电机。当它作电动机运行时是直流电动机，将电能转换为机械能；作发电机运行时是直流发电机，将机械能转换为电能。

1. 组成结构

直流电机常见实物如图 73 所示，其结构由定子和转子两大部分组成。直流电机运行时静止不动的部分称为定子，定子的主要作用是产生磁场，由机座、主磁极、换向极、端盖、轴承和电刷装置等组成。运行时转动的部分称为转子，其主要作用是产生电磁转矩和感应电动势，是直流电机进行能量转换的枢纽，所以通常又称为电枢，由转轴、电枢铁芯、电枢绕组、换向器和风扇等组成。

图 73　直流电机实物图Ⅰ

（1）定子。
① 主磁极。主磁极的作用是产生气隙磁场。主磁极由主磁极铁芯和励磁绕组两部分组成。铁芯一般用 0.5 mm～1.5 mm 厚的硅钢板冲片叠压铆紧而成，分为极身和极靴

两部分，上面套励磁绕组的部分称为极身，下面扩宽的部分称为极靴，极靴宽于极身，既可以调整气隙中磁场的分布，又便于固定励磁绕组。励磁绕组用绝缘铜线绕制而成，套在主磁极铁芯上。整个主磁极用螺钉固定在机座上。

② 换向极。换向极的作用是改善换向，减小电机运行时电刷与换向器之间可能产生的换向火花，一般装在两个相邻主磁极之间，由换向极铁芯和换向极绕组组成。换向极绕组用绝缘导线绕制而成，套在换向极铁芯上，换向极的数目与主磁极相等。

③ 机座。电机定子的外壳称为机座。机座的作用有两个：一是用来固定主磁极、换向极和端盖，并起整个电机的支撑和固定作用；二是机座本身也是磁路的一部分，借以构成磁极之间磁通路，磁通通过的部分称为磁轭。为保证机座具有足够的机械强度和良好的导磁性能，一般为铸钢件或由钢板焊接而成。

④ 电刷装置。电刷装置是用来引入或引出直流电压和直流电流的。电刷装置由电刷、刷握、刷杆和刷杆座等组成。电刷放在刷握内，用弹簧压紧，使电刷与换向器之间有良好的滑动接触，刷握固定在刷杆上，刷杆装在圆环形的刷杆座上，相互之间必须绝缘。刷杆座装在端盖或轴承内盖上，圆周位置可以调整，调好以后加以固定。

（2）转子。

① 电枢铁芯。电枢铁芯是主磁路的主要部分，同时用以嵌放电枢绕组。一般电枢铁芯采用由 0.5 mm 厚的硅钢片冲制而成的冲片叠压而成，以降低电机运行时电枢铁芯中产生的涡流损耗和磁滞损耗。叠成的铁芯固定在转轴或转子支架上。铁芯的外圆开有电枢槽，槽内嵌放电枢绕组。

② 电枢绕组。电枢绕组的作用是产生电磁转矩和感应电动势，是直流电机进行能量变换的关键部件，所以叫电枢。它是由许多线圈（以下称元件）按一定规律连接而成，线圈采用高强度漆包线或玻璃丝包扁铜线绕成，不同线圈的线圈边分上下两层嵌放在电枢槽中，线圈与铁芯之间以及上、下两层线圈边之间都必须妥善绝缘。为防止离心力将线圈边甩出槽外，槽口用槽楔固定。线圈伸出槽外的端接部分用热固性无纬玻璃带进行绑扎。

③ 换向器。在直流电动机中，换向器配以电刷，能将外加直流电源转换为电枢线圈中的交变电流，使电磁转矩的方向恒定不变；在直流发电机中，换向器配以电刷，能将电枢线圈中感应产生的交变电动势转换为正、负电刷上引出的直流电动势。换向器是由许多换向片组成的圆柱体，换向片之间用云母片绝缘。

④ 转轴。转轴起转子旋转的支撑作用，需有一定的机械强度和刚度，一般用圆钢加工而成。

2. 主要分类

（1）直流发电机。直流发电机是把机械能转换为直流电能的机器。它主要作为直流电动机、电解、电镀、电冶炼、充电及交流发电机的励磁电源等所需的直流电机。虽然在需要直流电的地方，也用电力整流元件，把交流电转换成直流电，但从某些工作性能方面来看，交流整流电源还不能完全取代直流发电机。图 74 为直流电机常见实物。

图 74　直流电机实物图Ⅱ（左为直流发电机，右为直流电动机）

（2）直流电动机。将直流电能转换为机械能的转动装置。电动机定子提供磁场，直流电源向转子的绕组提供电流，换向器使转子电流与磁场产生的转矩保持方向不变。根据是否配置有常用的电刷-换向器可以将直流电动机分为两类，包括有刷直流电动机和无刷直流电动机。无刷直流电机是近几年来随着微处理器技术的发展和高开关频率、低功耗新型电力电子器件的应用，以及控制方法的优化和低成本、高磁能级的永磁材料的出现而发展起来的一种新型直流电动机。无刷直流电机既保持了传统直流电机良好的调速性能又具有无滑动接触和换向火花、可靠性高、使用寿命长及噪声低等优点，因而在航空航天、数控机床、机器人、电动汽车、计算机外围设备和家用电器等方面都获得了广泛应用。按照供电方式的不同，无刷直流电机又可以分为两类：方波无刷直流电动机，其反电势波形和供电电流波形都是矩形波，又称为矩形波永磁同步电动机；正弦波无刷直流电动机，其反电势波形和供电电流波形均为正弦波。

（3）按照励磁方式分类。励磁方式是指旋转电机中产生磁场的方式，直流电机的励磁方式分为四种：① 他励直流电机。励磁绕组与电枢绕组无联接关系，而由其他直流电源对励磁绕组供电的直流电机称为他励直流电机，永磁直流电机也可看作他励或自激直流电机，一般直接称作励磁方式为永磁。② 并励直流电机。并励直流电机的励磁绕组与电枢绕组相并联，作为并励发电机来说，是电机本身发出来的端电压为励磁绕组供电；作为并励电动机来说，励磁绕组与电枢共用同一电源，从性能上讲与他励直流电动机相同。③ 串励直流电机。串励直流电机的励磁绕组与电枢绕组串联后，再接于直流电源。这种直流电机的励磁电流就是电枢电流。④ 复励直流电机。复励直流电机有并励和串励两个励磁绕组。若串励绕组产生的磁通势与并励绕组产生的磁通势方向相同称为积复励。若两个磁通势方向相反，则称为差复励。不同励磁方式的直流电机有着不同的特性。一般情况直流电动机的主要励磁方式是并励式、串励式和复励式，直流发电机的主要励磁方式是他励式、并励式和复励式。

（4）型号命名。国产电机常见图 75 所示，型号一般采用大写的英文的汉语拼音字母的阿拉伯数字表示，其格式为：第一部分用大写的拼音字母表示产品代号，第二部分用阿拉伯数字表示设计序号，第三部分用阿拉伯数字表示机座代号，第四部分用阿拉伯数字表示电枢铁芯长度代号。

图 75　直流电机实物图Ⅲ

（5）控制原理。直流无刷电机的控制原理，要让电机转动起来，首先控制部就必须根据霍尔效应感应到的电机转子所在位置，然后依照定子绕线决定开启（或关闭）换流器（inverter）中功率晶体管的顺序，换流器中的 AH、BH、CH（这些称为上臂功率晶体管）及 AL、BL、CL（这些称为下臂功率晶体管），使电流依序流经电机线圈产生顺向（或逆向）旋转磁场，并与转子的磁铁相互作用，如此就能使电机顺时/逆时转动。

当电机转子转动到 hall-sensor 感应出另一组信号的位置时，控制部又再开启下一组功率晶体管，如此循环，电机就可以依同一方向继续转动直到控制部决定要电机转子停止则关闭功率晶体管（或只开下臂功率晶体管）；要电机转子反向则功率晶体管开启顺序相反。

基本上功率晶体管的开法可举例如下：AH、BL 一组→AH、CL 一组→BH、CL 一组→BH、AL 一组→CH、AL 一组→CH、BL 一组，但绝不能开成 AH、AL 或 BH、BL 或 CH、CL。此外因为电子零件总有开关的响应时间，所以功率晶体管在关与开的交错时间要将零件的响应时间考虑进去，否则当上臂（或下臂）尚未完全关闭，下臂（或上臂）就已开启，结果就造成上、下臂短路而使功率晶体管烧毁。

电机转动起来，控制部会再根据驱动器设定的速度及加/减速率所组成的命令（Command）与霍尔传感器（hall-sensor）信号变化的速度加以比对（或由软件运算）再来决定由下一组（AH、BL 或 AH、CL 或 BH、CL 或……）开关导通，以及导通时间长短。速度不够则开长，速度过头则减短，此工作就由脉冲宽度调制（PWM）来完成。脉冲宽度调制是决定电机转速快或慢的方式，如何产生这样的脉冲宽度调制才是要达到较精准速度控制的核心。高转速的速度控制必须考虑到系统的显示分辨率是否足以掌握处理软件指令的时间，另外对于霍尔传感器信号变化的资料存取方式也影响到处理器效能与判定正确性、实时性。至于低转速的速度控制尤其是低速启动则因为回传的霍尔传感器信号变化变得更慢，怎样撷取信号方式、处理时机以及根据电机特性适当配置控制参数值就显得非常重要。或者速度回传改变以编码器（encoder）变化为参考，使信号分辨率增加以期得到更佳的控制。电机能够运转顺畅而且响应良好，P.I.D.控制的恰当与否也无法忽视。之前提到直流无刷电机是闭回路控制，因此回授信号就等于是告诉控制部电机转速距离目标速度还差多少，这就是误差（Error）。知道了误差自然就要补偿，方式有传统的工程控制（如 P.I.D.控制）。但控制的状态及环境其实是复杂多变的，若要控制的坚固耐用则要考虑的因素恐怕不是传统的工程控制能完全掌握，所以模糊控制、专家系统及神经网络也将被纳入成为智能型 P.I.D.控制的重要理论。

3. 直流电动机电刷下的火花等级鉴别（表12）

表 12　直流电动机火花等级和判断标志统计表

序号	火花等级	电刷下的火花程度	换向器及电刷的状态	允许的运行方式
1	1	无火花	—	—
2	1¼	电刷边缘仅小部分有微弱的点状火花或有非放电性的红色小火花	换向器上没有黑痕，电刷上没有灼痕	允许长期连续运行
3	1½	电刷边缘大部分或全部有轻微的火花	换向器上有黑痕出现，但不发展，用汽油擦其表面即能除去，同时在电刷上有轻微灼痕	仅在短时过载或短时冲击负载时允许出现
4	2	电刷边缘全部或大部分有较强烈的火花	换向器上有黑痕出现，用汽油不能擦除，同时电刷上有灼痕。如短时出现这一级火花，换向器上不出现灼痕，电刷不致被烧焦或损坏	仅在直接启动或逆转的瞬间允许存在，但不得损坏换向器及电刷
5	3	电刷的整个边缘有强烈的火花（即环火），同时有大火花飞出	换向器上的黑痕相当严重，用汽油不能擦除，同时电刷上有灼痕。如在这一火花等级下短时运行，则换向器上将出现灼痕，同时电刷将被烧焦或损坏	

4. 直流电动机电刷几何中性线调整

确定电刷中性线位置的方法有感应法、正反转电动机和正反转发电机法等。感应法是较常用方法，电机静止，将电枢与磁场和外界断开，电枢两端接上直流毫伏表（较好零位在中间），在励磁绕组两端用两节干电池通过导线以触动方式加电压，并观察电压表指针偏转情况：如左右摆动，将电刷架沿换向器圆周方向前后移动，直到触动时指针摆动较小，这就是直流电机电刷几何中性线位置。做好标记，将电刷架固定好，再重复检验一遍。

四、实验实训内容

1. 训练步骤

（1）直流电动机的拆装（表13）。

表13 拆卸直流电动机记录表

序号	维护项目	过程照片	操作步骤及要点
1	拆卸		
2	取出电刷		
3	拆卸轴承外壳		
4	抽出电枢		
5	拆卸轴承		

（2）装配。

① 拆卸完成后，对轴承等零件进行清洗，经质量检查合格后，涂注润滑油脂待用。

② 装配与拆卸步骤相反。

（3）电刷的维护。

清洁电刷与换向器表面，检查电刷与换向器接触是否良好，电刷压力是否适当。① 电刷的研磨。研磨电刷可用宽窄与换向器相同的 0 号砂纸包裹在换向器上，将电枢放在 V 形铁或架子上，转动电枢，研磨电刷，电刷研磨面在 80%以上，大型电动机可在安装后在电动机内部进行研磨。② 检查电刷压力。如电刷压力大小不当或不均，则用弹簧秤校正电刷压力达到 14，7～24，5 kPa（250～250 g/cm²），如压紧电刷的弹簧失去弹性，要更换弹簧。

（4）确定电刷几何中性线位置。

调整电刷中性线位置常用的一种方法是感应法励磁绕组通过开关接到1.5～3 V的直流电源上，毫伏表接到相邻两级的电刷上（电刷与换向器接触一定良好）。当断开或闭合开关时，即交替接通和断开励磁绕组的电流，毫伏表的指针会左右摆动，这时将电刷架顺电动机旋转方向或逆转方向缓慢移动，直到毫伏表几乎不动时，刷架位置就是中性线位置。图 76 所示为毫伏表调整电刷中性线位置测试接线电路。

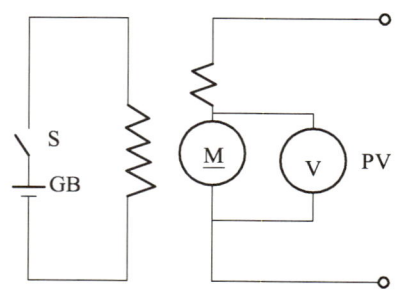

图 76 毫伏表调整电刷中性线位置测试电路

（5）火花等级的鉴别。

监视电动机的换向火花，一般直流电动机在运行中电刷与换向器表面基本上看不到火花，或只有微弱的点状火花。在额定负载下，一般直流电动机只允许有不超过 1½ 级的火花。

（6）维护评分标准（表14）。

表14　直流电动机拆装、火花等级鉴别、电刷中性线位置调整评分标准表

序号	项目内容	评分标准	配分	扣分	得分
1	拆卸电动机	1. 拆卸步骤不正确，扣5分； 2. 损伤零部件，每只扣5分； 3. 损伤绕组和换向器，扣20分	20		
2	火花等级鉴别	1. 不熟记火花等级，每项扣5分； 2. 火花等级判别错误，扣10~20分	20		
3	装配电机	1. 装配步骤不正确，每处扣5分； 2. 螺栓未拧紧，每只扣5分； 3. 转子转动不灵活扣10分	20		
4	调整电刷中性线	1. 电路接线不正确，扣10分； 2. 操作方法配合不好，扣5~10分	30		
5	安全文明生产	违反每一项，扣5分	10		
6	工时	4 h			
		合计	100		
7	备注	教师 签字		年　月　日	

五、想一想

（1）拆装直流电动机有哪些注意事项？

（2）判别火花等级时应尽量注意什么问题？

（3）当火花过大时，应调整哪里？

实验实训 19 PLC 实现三相异步电动机运行控制

一、实验实训目的

（1）熟悉编程软件 GX-Developer 的使用以及程序的输入、编辑、传输及运行调试。
（2）掌握 PLC 编程的基本方法和技巧。
（3）学习 PLC 与外部设备的连接方法。
（4）掌握应用 PLC 技术对三相异步电动机进行正反转运行控制的方法。
（5）掌握应用 PLC 技术对三相异步电动机进行 Y-△ 降压启动控制的方法。
（6）理解 PLC 实现三相异步电动机运行控制的优势。

二、实验实训仪器

可编程序控制器、计算机、三相电动机、三相刀开关、交流接触器、中间继电器、按钮、熔断器、热继电器在、常用电工工具、编程电缆、连接导线等。

三、实验实训原理

1. 编程软件 GX-Developer

GX-Developer 为全系列编程软件，和仿真软件配合还可以对程序进行仿真。其界面如图 77 所示。

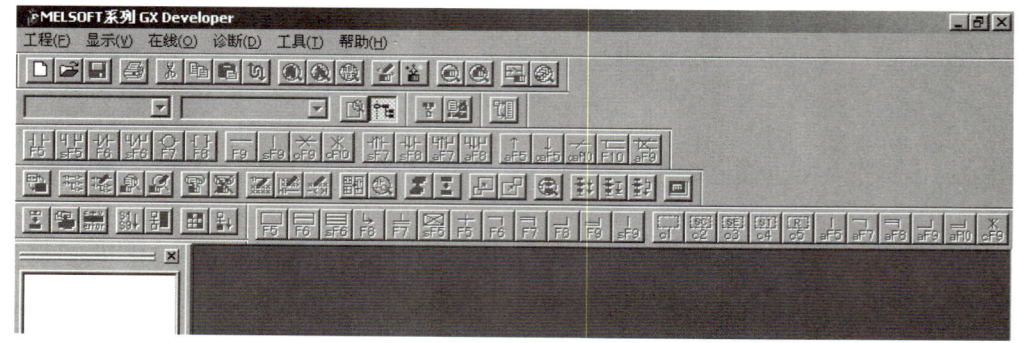

图 77 编程软件 GX-Developer 界面

（1）菜单栏：GX 编程软件有 10 个菜单项。
（2）工具栏：工具栏分为主工具、图形编辑工具、视图工具等。
（3）编辑区：程序、注解、注释、参数等的编辑区域。
（4）工程数据列表：以树状结构显示工程的各项内容，如程序、软元件注释、参数等。
（5）状态栏：显示当前状态如鼠标所指按钮功能提示、读写状态、PLC 的型号等内容。

2. PLC 实现三相异步电动机正反转运行控制

各种生产机械常常要求具有上下、左右、前后等相反方向的运动，这就要求电动机能正反向工作。对于三相异步电动机，可借助正反向接触器改变定子绕组电源相序实现电动机的正反转运行控制。

（1）控制要求：按下正转启动按钮，电动机能正向启动运行；按下反转启动按钮，电动机立刻切换为反转运行。按下停止按钮，电动机立刻停止。正/反转可任意切换，设有必要的保护环节。

（2）PLC 实现三相异步电动机可逆运行控制电气原理图如图 78 所示。

主电路：从电源到电动机的大电流电路。QS 为电源开关，熔断器 FU 进行短路保护，热继电器 FR 进行过载，接触器 KM_1 控制电动机正转，接触器 KM_2 控制电动机反转，如图 78（a）所示。

控制电路：PLC 的带负载能力有限，不可以直接驱动电动机，因此在电路中用继电器 KA_0、KA_1 做中间转换电路。图 7-2 中用继电器 KA_0、KA_1 分别接于 PLC 的输出口 Y0、Y1，KA_0、KA_1 的触头又分别控制接触器 KM_1 和 KM_2 的线圈。KM_1 和 KM_2 线圈回路中互串常闭触头进行硬件互锁，避免软件错误后主回路短路引起断路器自动断开，如图 78（b）所示。

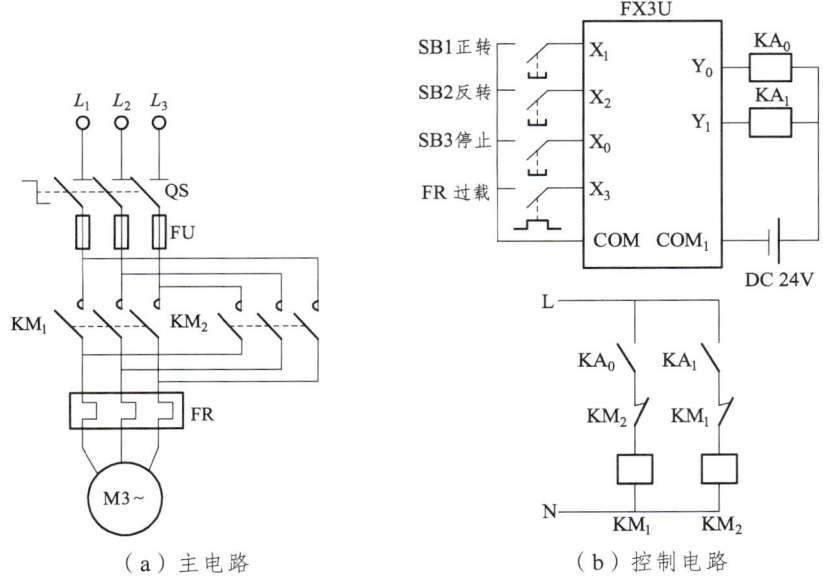

（a）主电路　　　　　　　　（b）控制电路

图 78　PLC 实现三相异步电动机可逆运行控制电气原理图

3. PLC 实现三相异步电动机 Y-△ 降压启动控制

（1）控制要求：当接通三相电源时，电机 M 不运转。按下启动按钮 SB1 后，电机 M 为 Y 接法低压启动，5 s 后，电机 M 自动为 △ 接法全压运行。按下停止按钮 SB2，电机 M 立刻停止运行。热继电器过载保护，若触点 FR 动作，电动机立即停止。

（2）PLC 实现三相异步电动机 Y-△ 降压启动控制电气原理图如图 79 所示。

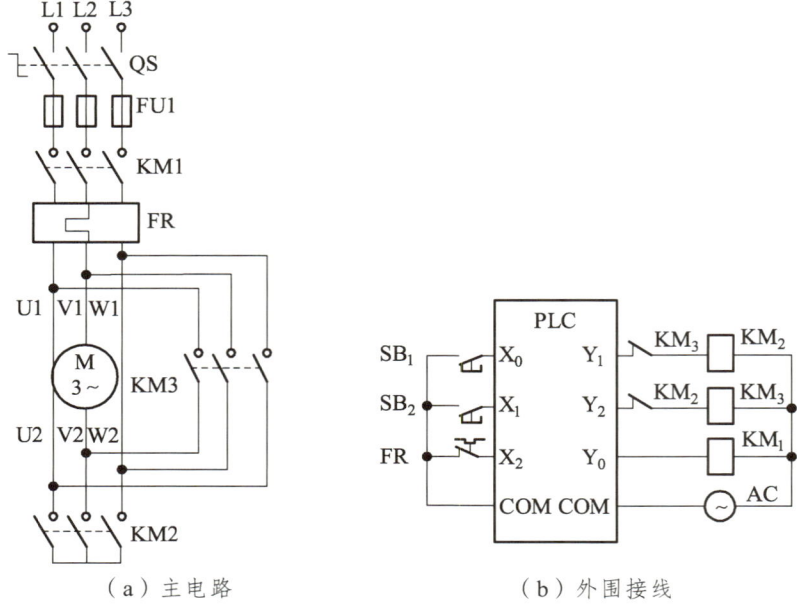

（a）主电路　　　　　　　　（b）外围接线

图 79　PLC 实现三相异步电动机 Y-△降压启动控制电气原理图

四、实验实训内容

1. PLC 实现三相异步电动机正反转运行控制

（1）列出 I/O 分配，见表 15。

表 15　PLC 实现三相异步电动机的可逆运行控制 I/O 分配表

输入			输出		
名　称	功　能	编　号	名　称	功　能	编　号
SB1	正转启动	X001	KM1-KA0	电动机正转	Y001
SB2	反转启动	X002	KM2-KA1	电动机反转	Y002
SB3	停止	X000			
FR	过载保护	X003			

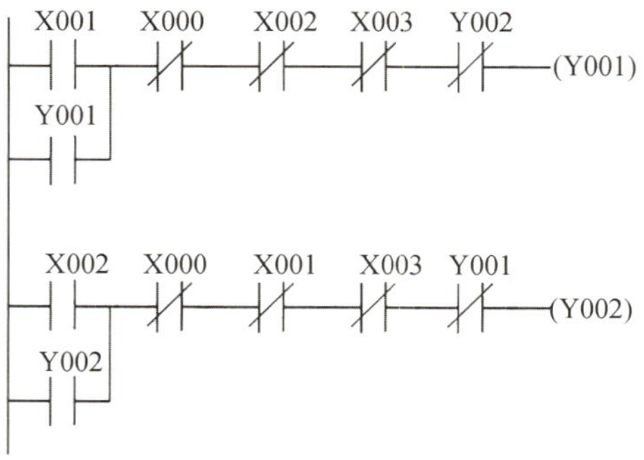

图 80　PLC 实现三相异步电动机可逆运行控制梯形图程序

（2）按照图 79 连接电路：用继电器 KA0、KA1 分别接于 PLC 的输出端 Y0、Y1，KA0、KA1 的触头又分别控制接触器 KM1 和 KM2 的线圈。

（3）输入实验参考程序如图 80 所示。

（4）调试并运行程序，观察运行效果。

2. PLC 实现电动机 Y-△降压启动控制电路

（1）根据控制要求列出 I/O 分配，见表 16。

表 16　PLC 实现三相异步电动机的 Y-△降压启动控制 I/O 分配表

输入			输出		
名称	功能	编号	名称	功能	编号
SB1	启动按钮	X000	KM1	电源接触器	Y000
SB2	停止按钮	X001	KM2	Y 联结接触器	Y001
FR	过载保护	X002	KM3	△联结接触器	Y002

（2）按照图 79 连接电路：KM2 和 KM3 线圈回路中互串常闭触头进行硬件互锁，避免软件错误后主回路短路。

（3）输入实验参考程序如图 81 所示。

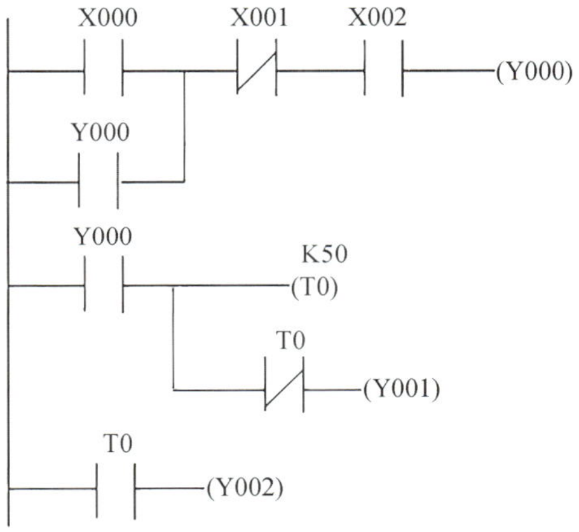

图 81　PLC 实现三相异步电动机 Y-△降压启动控制梯形图程序

（4）调试并运行程序，观察控制效果。

五、想一想

1. 什么是零压保护？零压保护是如何实现的？

2. 比较接触-继电器控制电路与 PLC 控制电路的异同，PLC 技术实现三相异步电动机控制的优势是什么？

3. PLC 的 I/O 接线图中，常闭触点输入信号有几种处理方法？不同的处理方法所设计的梯形图程序有何不同？

实验实训 20　PLC 实现液体自动混合装置控制

一、实验实训目的

（1）进一步掌握编程软件 GX-Developer 的操作方法，实现程序的编辑、注释及运行调试。

（2）学习三菱 FX 系列 PLC 基本指令的使用方法和程序设计方法。

（3）学习定时器的使用方法。

二、实验实训仪器

可编程序控制器、计算机、编程电缆、连接导线等。

三、实验实训原理

控制要求：液体自动混合模拟装置如图 82 所示，编程实现该液体自动混合装置如下控制要求：SL1、SL2、SL3 为液面传感器，液体 A、B 阀门与混合液阀门由电磁阀 YV1、YV2、YV3 控制，M 为搅匀电机。

按下启动按钮 SB1，装置开始按下列约定的规律操作：液体 A 阀门打开，液体 A 流入容器。当液面到达 SL2 时，SL2 接通，关闭液体 A 阀门，打开液体 B 阀门。液面到达 SL3 时，关闭液体 B 阀门，搅拌电动机开始工作。6 s 后停止搅动，混合液体阀门打开，开始放出混合液体。当液面下降到 SL1 时，SL1 由接通变为断开，再过 2 s 后，容器放空，混合液阀门关闭，开始下一周期。按下停止按钮 SB2 后，所有操作都停止，须重新启动。

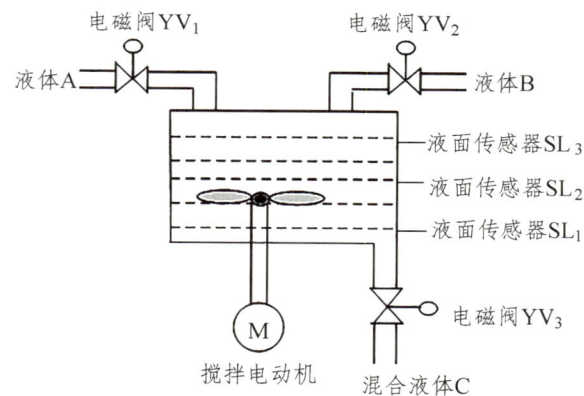

图 82　两种液体混合控制系统示意图

四、实验实训内容

（1）根据控制要求列出 I/O 分配，见表 17。

表 17　PLC 实现两种液体混合控制 I/O 分配表

输　入			输　出		
名　称	功　能	编　号	名　称	功　能	编　号
SB1	启动按钮	X001	YV1	液体 A 控制电磁阀	Y001
SB2	停止按钮	X002	YV2	液体 B 控制电磁阀	Y002
SL1	低液位传感器	X003	KM	搅拌电动机接触器	Y000
SL2	中液位传感器	X004	YV3	混合液排放电磁阀	Y003
SL3	高液位传感器	X005			

（2）画出 PLC 模拟控制两种液体混合外部接线图，如图 83 所示。

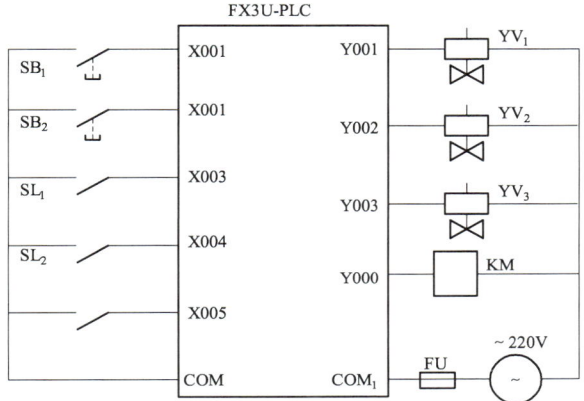

图 83　PLC 模拟控制两种液体混合外部接线图

（3）输入实验参考程序，如图 84 所示。
（4）调试并运行程序，观察控制效果。

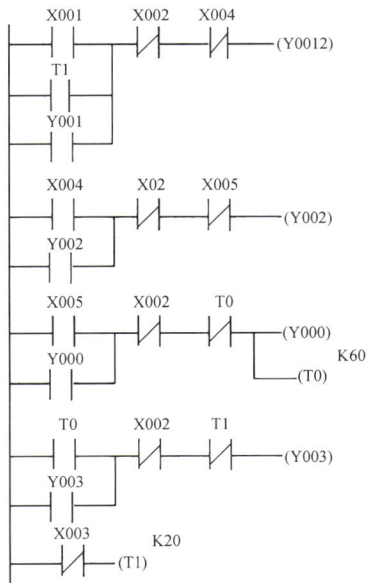

图 84　PLC 模拟控制两种液体混合梯形图程序

五、想一想

（1）PLC 中各元件的触点为什么可以无限次使用？

（2）PLC 编程中经验设计法的特点是什么？

（3）试用步进顺序控制法设计梯形图程序。

实验实训 21 电网变压器事故处理

一、实验实训目的

（1）学习变、配电站事故处理原则、事故处理步骤、事故处理方法。
（2）掌握变压器故障的处理方法、步骤。
（3）熟悉变压器各种保护的保护范围。
（4）掌握变压器检修时安全措施的布置。

二、实验实训仪器

计算机 1 台、变电站运维仿真实训平台。

三、实验实训原理及过程

1. 主变过流保护动作故障处理

（1）运行方式：201 受电带 4 号母线。202 受电带 5 号母线，212/222/211/221/401/402 运行，401/402/201/202 无压跳闸投入运行，母联 445 备自投运行。

（2）故障设置：1#变压器高压套管单相接地故障。右击 1 号变压器，"设置故障"列表中选择本体高压侧端口，A 相永久故障，单击确定，如图 85 所示。

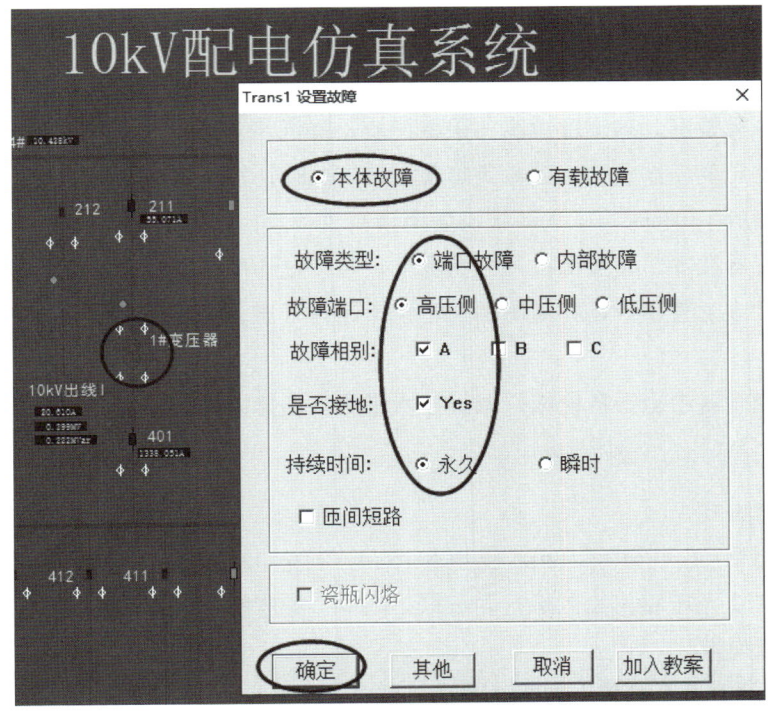

图 85 配电仿真系统主变过流保护动作故障设置

(3)事故处理：

停止音响，记录时间。

检查中央信屏：10 kV 故障、信号为复归、1 号配电变压器保护、1 号配电变压器零序过流、445 备自投、2 号配电变压器过负荷。

检查指示灯：211/401 绿灯闪光，445 红灯闪光。

检查表计：211 电流表指示为零，445 电流表有指示，202/221/402 电流表数值增大。10 kV 4 号、5 号母线电压正常，低压 4 号、5 号母线电压正常。

检查保护装置：211 速断保护动作、445 备自投动作信号灯亮。

复归保护及断路器操作把手：将 211/401 控制开关把手至分闸位置，将 445 控制开关把手至合闸位置。

检查一次设备：

检查 1 号变压器单元设备，包括：从 201 断路器至变压器的两个电缆头、变压器高压引线、高压套管、变压器本体设备等。若有隔离开关还应该检查隔离开关、引线、支持绝缘子等设备无异常。

检查 201/401/445 断路器本体、机构、支撑绝缘子等有无异常。

判断依据：一般变压器的速断保护动作跳闸，判断为变压器高压侧故障，包括从 201 断路器至变压器的两个电缆头、高压引线、高压套管、高压绕组等设备故障。

隔离故障：检查 401 应拉开，拉开 401-4，拉开 401-2。

检查 211 应拉开，拉开 211-2，拉开 211-4。

监视 2 号变压器负荷情况：监视负荷电流、温度是否有变化，接头是否过热，冷却装置是否投入等情况。若温度过高，采取措施，降低定温。

规程规定：变压器负荷达到额定容量的 120%时，暂停有载调压操作；变压器负荷达到额定容量的 130%时，应立即报调度申请减负荷。

干式变压器在冷却装置全投入的情况下，可以过 50%的负荷长期运行。

上报调度或主管领导，并填写相关记录（运行日志、断路器掉闸记录、设备缺陷记录等）。

将 1 号变压器由运行转检修，做好技术措施及检修前的准备。

2. 主变瓦斯保护动作故障处理

(1)运行方式：

201 受电带 4 号母线，202 受电带 5 号母线，212/222/211/221/401/402 运行，401/402/201/202 无压跳闸投入运行，母联 245/445 备自投投入运行。

(2)故障设置：

1 号变压器重瓦斯故障。右击 1 号变压器，"设置故障"中选择"其他"，选择"主变重瓦斯"，单击确定，如图 86 所示。

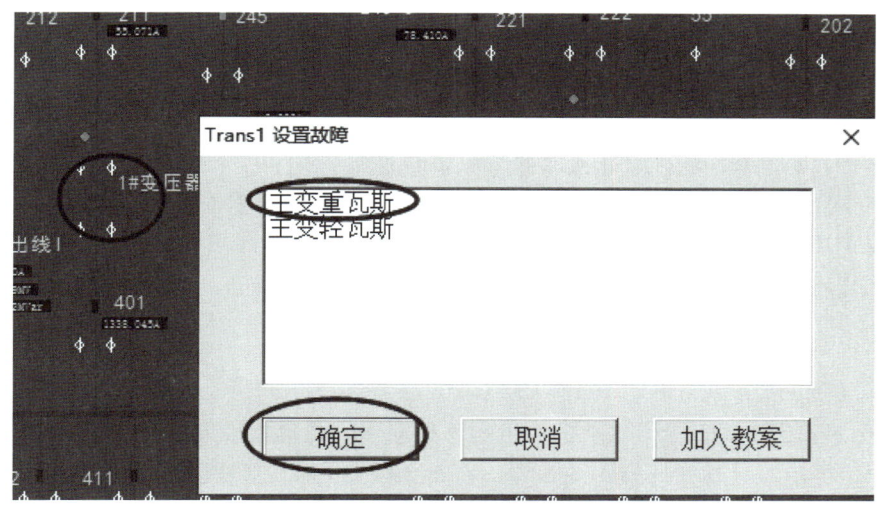

图 86　配电仿真系统主变瓦斯保护动作故障设置

（3）事故处理：

停止音响，记录时间。

检查中央信号屏：10 kV 故障、信号未复归、445 自投动作、1 号主变压器重瓦斯动作、2 号主变压器过负荷。

检查指示灯：211/401 绿灯闪光，445 红灯闪光。

检查表计：211 电流表指示回零，445 电流表有指示，202/221/402 电流表数值增大。10 kV 4 号、5 号母线电压正常，低压 4 号、5 号母线电压正常。

检查保护装置：1 号主变压器瓦斯保护动作、445 自投信号灯亮。

复归保护及断路器操作手把：将 211/401 控制开关把手至分闸位置，将 445 控制开关把手至合闸位置。

检查一次设备：

检查 1 号变压器设备单元，检查变压器油位是否正常，防爆管玻璃有无破碎、变压器有无喷油、冒烟，外壳是否变形，轻瓦斯是否同时动作等。

检查 201/401/445 断路器本体、机构、支持绝缘子等无异常。

判断依据：

变压器重瓦斯保护动作。

变压器无喷油、冒烟、无瓦斯气体。

变压器油位正常。

轻瓦斯保护和速断保护未同时动作。

判断为变压器重瓦斯保护误动作。

隔离故障：

检查 401 应拉开，拉开 401-4，拉开 401-2。

检查 211 应拉开，拉开 211-2，拉开 211-4。

查不到原因，判断不清，故障未消除，不准试发；确认保护误动可以试发一次。

123

监视 2 号变负荷情况：监视负荷电流，温度是否有变化，接头是否过热，冷却装置是否投入等情况。

规程规定：变压器负荷达到额定容量的 120%时，暂停有载调压操作；变压器负荷达到额定容量的 130%时，应立即报调度申请减负荷。

干式变压器在冷却装置全投入的情况下，可以过 50%的负荷长期运行。

上报调度或主管，并填写相关记录（运行日志、断路器掉闸记录、设备缺陷记录等）若试发不成功，将 1 号变压器转检修，做好检修前的准备。

3. 主变高温故障处理

（1）运行方式：201 受电带 4 号母线，202 受电带 5 号母线，212/222/211/221/401/402 运行，401/402/201/202 无压跳闸投入运行，母联 445 备自投投入运行。

（2）故障设置：2#变压器温高故障。右击 2#变压器，"设置故障"中选择"其他"，选择"主变温高跳闸"，单击确定，如图 87 所示。

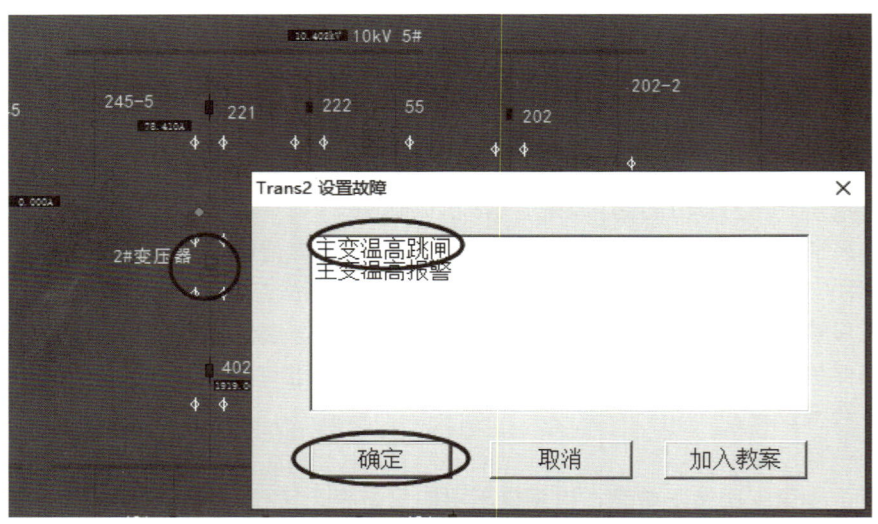

图 87　配电仿真系统主变高温故障设置

（3）事故处理：

停止音响，记录时间。

检查中央信号屏：10 kV 故障、信号未复归、445 备自投动作、2 号主变压器过温信号、2 号主变压器过温跳闸、1 号主变压器过负荷。

检查指示灯：221/402 绿灯闪光，445 红灯闪光。

检查表计：221 电流表指示回零，445 电流表有指示，201/211/401 电流表数值增大。10 kV 4 号、5 号母线电压表指示正常，低压 4 号、5 号母线电压表指示正常。

检查保护装置：2 号主变压器过温信号，2 号主变压器过温跳闸，445 备自投信号灯亮。

复归保护及断路器操作手把：将 221/402 控制开关把手至分闸位置，将 445 控制开关把手至合闸位置。

检查一次设备：

检查 2 号变压器温度是否过高，变压器温度是否达到跳闸温度。

检查 221/402/445 断路器本体、机构、支持绝缘子等有无异常。

检查 2 号变压器风冷运行装置是否正常。

检查 2 号变压器绕组绝缘是否正常。

判断依据：一般变压器的过温动作跳闸，判断为变压器内部故障。

隔离故障：检查 402 应拉开，拉开 402-5，拉开 402-2

　　　　　检查 221 应拉开，拉开 221-2，拉开 221-5

监视 1 号变压器负荷情况：变压器负荷电流、油温变化情况、接头是否过热、冷却装置是否投入、加强变压器室的通风降温。

规程规定：变压器负荷达到额定容量 120%时，暂停有载调压操作；变压器负荷达到额定容量的 130%时，应立即报调度申请减负荷。

干式变压器在冷却装置全投入的情况下，可以过 50%的负荷长期运行。

上报调度或主管，并填写相关记录（运行日志、断路器掉闸记录、设备缺陷记录等）。

将 1 号变压器由运行转检修，做好技术措施及检修前的准备。

四、想一想

（1）主变保护配置有哪些？

（2）如何优化主变故障处理流程，提高供电可靠性？

实验实训 22　电网频率降低原因分析与事故处理

一、实验实训目的

（1）能够正确识读变电站一次系统运行方式图。
（2）会正确使用安全工器具及劳动防护用品。
（3）学会正确分析电网频率降低的原因。
（4）学习正确处理电网频率降低事故的基本方法。

二、实验实训仪器

计算机 1 台（安装 CAD 软件）、变电站运维仿真实训平台、打印机 1 台。

三、实验实训原理

1. 正确识读图 88 所示变电站一次系统运行方式图

该变电站为 110 kV 电压等级，110 kV 电压进线经过三相三绕组变压器降为 35 kV 和 10 kV，110 kV、35 kV、10 kV 各段母线上各装有一台电压互感器，110 kV、35 kV、10 kV 出线均采用手车设备，110 kV、35 kV 分段母线采用断路器和隔离开关连接，10 kV 分段母线采用手车设备连接，其中 110 kV 变压器 10 kV 侧采用限流电抗器限流。各段母线运行方式如下：① 110 kV 母线采用单母线分段方式运行；② 35 kV 母线采用单母线分段方式运行；③ 10 kV 母线采用单母线分段方式运行，10 kV 母线采用两组完全相同的单母线分段方式运行，可以有效提高供电方式的灵活性、保障供电的可靠性。例如 10 kV 的 W1 段母线既可以从 1 号变压器（图左）获得电能，又可以从 2 号变压器（图右）获得电能；1031QF 出线既可以从 10 kV 的 W3 段母线获得电能，也可以从 10 kV 的 W4 段母线获得电能。一般情况下，10 kV 母线 1060QF1、1060QF2 手车是断开的，10 kV 母线采用分段运行方式，当母线、变压器、限流电抗器需要停电检修时 1060QF1、1060QF2 手车才闭合，采取并列方式运行。

2. 正确使用安全工器具及劳动防护用品

电工常用安全用具及防护用品是在操作、维护、检修、试验、施工等电力生产现场作业中，用于防范触电、灼伤、坠落、摔跌等事故或职业健康危害，保障作业人员人身安全的专用工器具或设施。使用维护一般要求：（1）严禁挪作他用，严禁拆卸安全保险装置，不得超铭牌限值使用。（2）禁止使用未经定期测试、检查或试验、检查不合格，超期未试验、未检查及报废的安全工器具与防护用品。（3）使用人员应严格执行《电力安全工作规程》，并按照出厂说明和有关技术规范使用，使用前工作人员应根据工作需要选择电压等级合适且合格的电力安全工器具。并认真检查以下项目：① 试验合格是否在有效期内；② 外观观察和检查是否正常；③ 零部件是否缺失；④ 连接部位是否松脱；⑤ 绝缘器具是否潮湿、污浊；⑥ 承力部件是否存在断裂隐患；⑦ 安全工作规程规定的使用前检查内容；⑧ 使用完毕后及时收回，对号放入专用箱柜，摆放整齐。

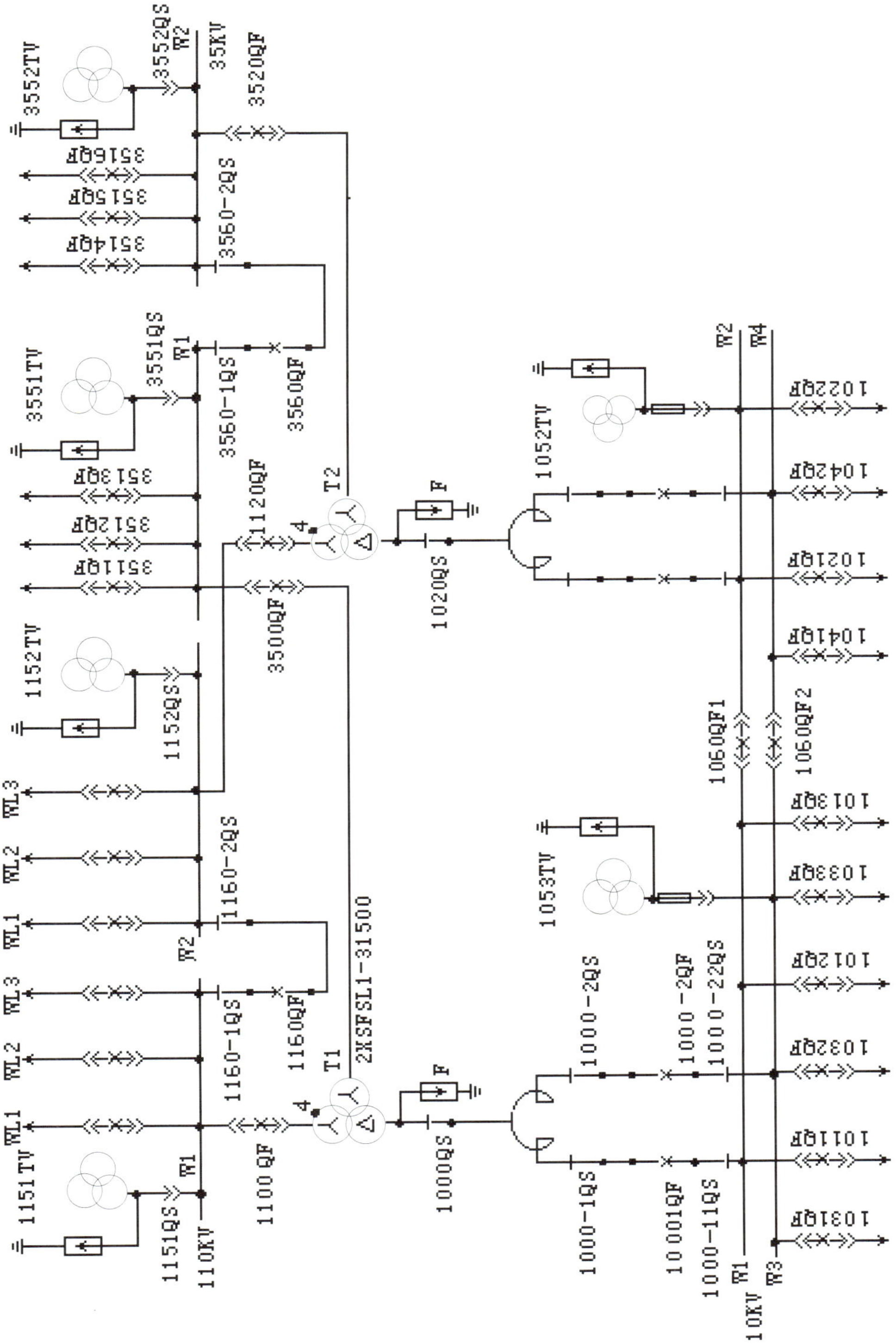

图 88 变电站一次系统运行方式图

3. 正确分析电网频率降低的原因

电力系统的频率特性取决于负荷的频率特性和发电机的频率特性，它是由系统的有功负荷平衡决定的，在非振荡情况下，同一电力系统的稳态频率是相同的。当电力系统不能向负荷供应所需的足够的有功功率时，系统的频率就要降低，运行中的电力系统应备有必要的有功功率备用容量、发电机旋转备用容量，以保持系统在稳定的频率下运行。

4. 正确处理电网频率降低的事故

（1）启动备用发电机组；（2）调出旋转备用，当电网频率降低时，发电机组的调速系统将自动地改变汽轮机的进汽量和水轮机的进水量，以增加发电机的出力，填补系统有功缺额；（3）切除负荷，制定系统事故拉电序位表，在需要时紧急手动切除负荷或使用自动低频减负荷装置切除负荷，自动低频减负荷装置是当系统出现有功功率缺额引起频率下降时，根据频率下降的程度，自动断开一部分不重要的用户，阻止频率下降，以使频率迅速恢复到正常值，保证重要用户供电的可靠性；（4）联网系统的事故支援。

四、实验实训内容

（1）识读变电站一次系统运行方式图。
（2）学会处理电网频率降低事故。
（3）用 CAD 绘制变电站一次系统运行方式图。

五、想一想

（1）如何使用安全工器具及劳动防护用品？
（2）电网频率降低的原因是什么？

实验实训 23 配电线路事故处理

一、实验实训目的

（1）掌握线路故障的处理思路、方法及步骤。
（2）能根据保护动作情况判断故障点的位置。
（3）熟悉线路故障巡视检查内容。
（4）线路检修时能够布置技术措施。

二、实验实训仪器

计算机 1 台、变电站运维仿真实训平台。

三、实验实训原理

1. 出线线路相间瞬时故障设置及处理

（1）运行方式：201 受电带 4 号母线，202 受电带 5 号母线，212/222/211/221/401/402 运行，401/402/201/202 无压掉闸投入运行，母联 245/445 备用自投投入运行。

（2）故障设置：212 出线线路相间瞬时故障。右击 212 出线，在"设置故障"中选择 A、B 相间瞬时故障，单击确定，如图 89 所示。

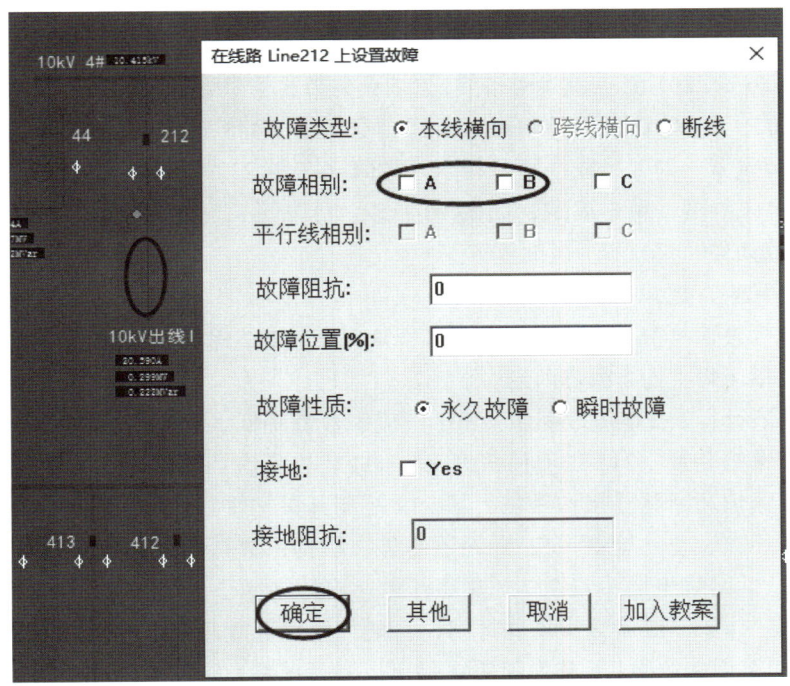

图 89 配电仿真系统出线线路相间瞬时故障设置

（3）事故处理步骤：

① 停止音响，记录时间。

② 检查中央信号屏：10 kV 故障、信号未复归、212 保护动作。

③ 检查指示灯：212 绿灯闪光。

④ 检查表计：212 电流表回零，201 电流表数值降低。

⑤ 检查保护装置：212 过流保护、10 kV 故障信号灯亮。

⑥ 检查保护及断路器操作手把：将 212 控制开关把手扭至分闸位置。

⑦ 检查一次设备：检查 212 断路器本体、机构、支持绝缘子等无异常；检查 212 出线站内设备，出线电缆头或 212-2 隔离开关、支持绝缘子、引线等无异常。

判断依据：a 212 过流保护动作掉闸，可能为线路远端故障；b 212 速断保护动作掉闸，可能为线路近端故障；c 若为架空线路可以进行试发，试发成功判断为瞬时性故障，试发不成功判断为永久性故障。

试发规定：a 装有重合闸的架空线路，重合未成功的可以试发一次；b 没装重合闸的架空线路，可以试发两次，但两次试发间隔不得小于 1 min（主要考虑线路故障后的绝缘恢复及断路器的绝缘恢复）；c 电缆线路不可以试发。

⑧ 试发：合上 212，检查 212 电流表指示正常；试发成功判断为 212 线路远端瞬时性故障。

试发条件：断路器本身无异常；站内设备无异常；架空线路。

⑨ 上报调度或主管领导：并填写相关记录（运行日志、断路器掉闸记录、设备缺陷记录等）。

2. 出线线路相间永久故障设置及处理

（1）运行方式：201 受电带 4 号母线，202 受电带 5 号母线，212/222/2111/221/401/402 运行，401/402、201/202 无压掉闸投入运行，母联 245/445 备用自投入运行。

（2）故障设置：212 出线线路多相永久故障。右击 212 出线，在"设置故障"中选择 A、B 相永久故障，单击确定，如图 90 所示。

（3）事故处理：

① 停止音响，记录时间。

② 检查中央信号屏：10 kV 故障、信号未复归、212 保护动作。

③ 检查指示灯：212 绿灯闪光。

④ 检查表计：212 电流表回零，201 电流表数值降低。

⑤ 检查保护装置：212 过流保护掉闸、10 kV 故障信号灯亮。

⑥ 检查保护及断路器操作手把：将 212 控制开关把手扭至分闸位置。

⑦ 检查一次设备：检查 212 断路器本体、机构、支持绝缘子等无异常；检查 212 出线站内设备，出线电缆头或 212-2 隔离开关、支持绝缘子、引线等无异常。

判断依据：a 212 过流保护动作掉闸，可能为线路远端故障；b 212 速断保护动作掉闸，可能为线路近端故障；c 若为架空线路可以进行试发，试发成功判断为瞬时性故障，试发不成功判断为永久性故障。

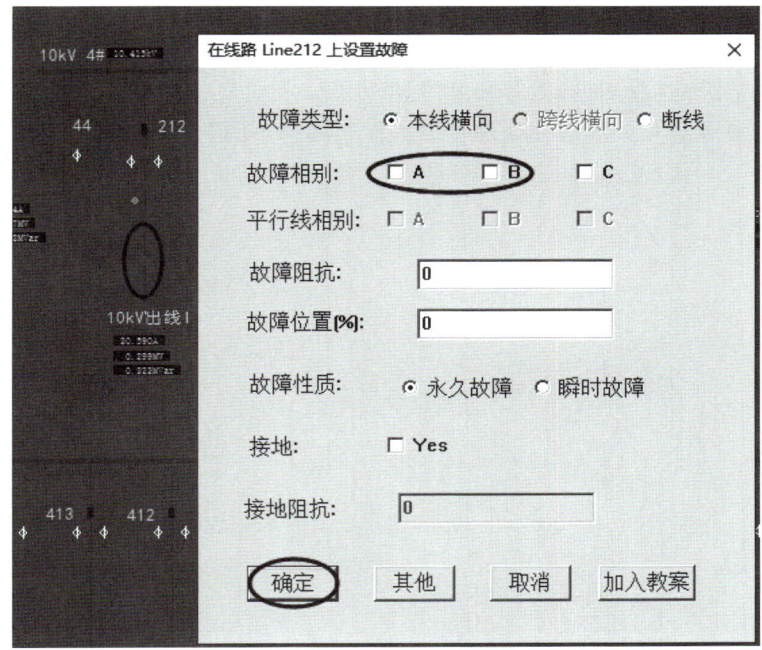

图 90　配电仿真系统出线线路相间永久故障设置

试发规定：a 没有重合闸的架空线路，重合未成功的可以试发一次；b 没装重合闸的架空线路，可以试发两次，单两次试发间隔不得小于 1 min（主要考虑线路故障后的绝缘恢复及断路器的绝缘恢复）；c 电缆线路不可以试发。

⑧ 试发：合上 212，检查 212 电流表指示突然增大又返回为零，同时断路器又跳闸。试发不成功，判断为 212 线路远端永久性故障。

⑨ 重新检查：仪表、指示灯、光字牌、保护及断路器、一次设备等，可以再进行一次试发。

试发条件：断路器本身无异常；站内设备无异常；架空线路。

⑩ 隔离故障：检查 212 断路器应拉开，拉开 212-2，拉开 212-4。

⑪ 上报调度或主管领导，并填写相关记录（运行日志、断路器掉闸记录、设备缺陷记录等）。

⑫ 212 线路由运行转检修，做好技术措施及检修前的准备。

四、实验实训内容

（1）出线线路相间瞬时故障设置及处理。

（2）出线线路相间永久故障设置及处理。

五、想一想

（1）线路故障巡视检查的内容和顺序是什么？

（2）瞬时故障与永久故障在处理步骤方面有哪些不同？

实验实训 24　母线事故处理

一、实验实训目的

（1）掌握母线故障的处理方法与步骤。
（2）掌握母线检修时应布置的技术措施。
（3）掌握隔离故障时 PT 的操作方法。

二、实验实训仪器

计算机 1 台、变电站运维仿真实训平台。

三、实验实训原理

1. 10 kV 母线故障设置及处理

（1）运行方式：201 受电带 4 号母线，245 受电带 5 号母线，212/222/211/221/401/402 运行，401/402/201 无压掉闸投入运行，202/445 备用自投投入运行（245 断路器无自投）。

（2）故障设置：10 kV4 号母线单相接地永久故障。右击 10 kV4 号母线，在"设置故障"中，选择 A、B 相间永久故障，单击确定，如图 91 所示。

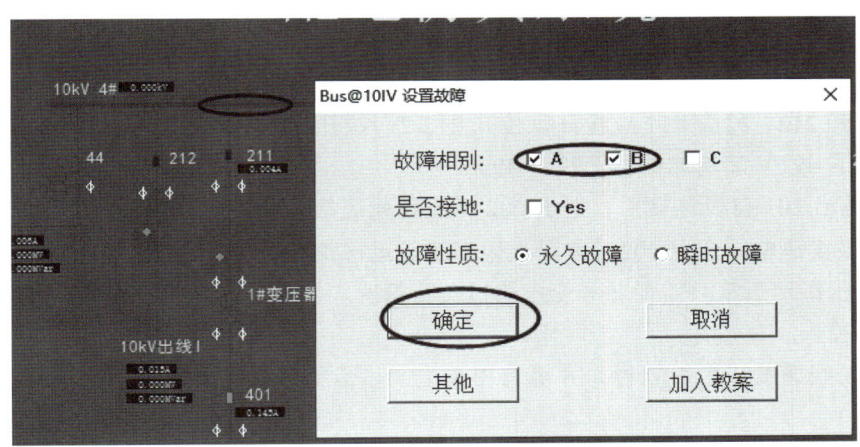

图 91　配电仿真系统 10 kV 母线故障设置

（3）事故处理：
① 停止音响，记录时间。
② 检查中央信号屏：10 kV 故障、信号未复归、401/402 无压掉闸动作、445 自投动作、10kV49TV 电压断线、10kV59TV 电压断线。
③ 检查指示灯：201/401/402 绿灯闪光，445 红灯闪光。
④ 检查表计：201/211/212/221/222 电流表指示回零。
⑤ 202 线路电压指示正常，201 线路电压指示回零，10 kV 4 号、5 号母线电压指示回零，低压 4 号、5 号母线电压指示回零，201 来电显示有电。

⑥ 检查保护装置：201 速断、401/402 无压掉闸动作、445 自投动作信号灯亮。

⑦ 复归保护及断路器操作手把：将 201/401/402 控制开关把手扭至分闸位置，将 445 控制开关手把至合闸位置。退出 201 无压掉闸连接片。

⑧ 检查一次设备：

a 检查 201/401/402/445 断路器本体、机构、支持绝缘子等无异常。

b 检查 201-4 引线是否短路、隔离开关过温蜡片是否融化、支持绝缘子是否闪络损坏，10 kV 4 号母线是否有小动物引起短路，212-4 引线、隔离开关、支持绝缘子，211-4 引线、隔离开关、支持绝缘子，49 引线、隔离开关、支持绝缘子、49TV、避雷器，245-4 引线、隔离开关、支持绝缘子等设备的检查同上。

c 检查 202-4 引线、隔离开关、支持绝缘子是否闪络损坏，10 kV 5 号母线是否有小动物引起短路，222-4 引线、隔离开关、支持绝缘子是否闪络损坏，221-4 引线、隔离开关、支持绝缘子是否闪络损坏，59 引线、隔离开关、支持绝缘子是否闪络损坏、59TV、避雷器，245-5 引线、隔离开关、支持绝缘子是否闪络损坏等设备。

判断依据：a 49TV、59TV 电压断线光字牌亮，4 号、5 号母线电压为零；b 201 速断保护掉闸；c 201 线路电压正常，201 来电显示有电；d 判断为母线故障，经过一次设备检查发现小动物造成 10 kV 4 号母线短路，其他设备正常，最后判断为 4 号母线故障。

⑨ 故障隔离：

a 检查 201 应拉开，拉开 201-4、拉开 201-2。

b 检查 245 应拉开，拉开 245-4、来开 245-5。

c 拉开 211，检查 211 应拉开，拉开 211-2、拉开 211-4。

d 拉开 212，检查 212 应拉开，拉开 212-2、拉开 212-4。

e 取下 49TV 二次熔断器，拉开 49。

⑩ 退出 201 自投连接片；退出 202 无压掉闸连接片。

⑪ 恢复送电：合上 202，监视 2 号变压器运行正常，合上 402，合上 401。检查低压母线电压指示正常。监视 2 号变压器过负荷情况。监视负荷电流、温度、接头、冷却装置是否投入。

⑫ 上报调度或主管领导，并填写相关记录（运行日志、断路器掉闸记录、设备缺陷记录等）。

⑬ 4 号母线由运行转检修，做好技术措施。

四、想一想

（1）变、配电站母线故障产生的原因一般有哪些？

（2）母线的故障处理包括哪些基本步骤？

附录 实践创新科技小论文

用 SPSS 标定差分比例运放电路的放大倍数[①]

张有周　王新春　姜泳泳　李明杰

（楚雄师范学院　楚雄　675000）

摘　要：针对差分运放实验装置，以测定电路的放大倍数为研究对象。用非等精度的测量方法获取测量数据，引入 SPSS 的线性估计函数分析实验数据，得到输出电压和输入电压差的定标曲线，并验证输出电压与输入电压具有线性关系。由此标定出差分运放的放大倍数，并用数字式存储示波器时时观测与记录信号的反向功能，用置信概率为百分之九十五的不确定度，对测量数据进行分析，将所得实验结果与理论结果进行对比分析和评估，从而验证所选试验方法的合理性以及实验数据测量结果的可靠性。

关键词：差分比例运算放大器；非等精度测量；SPSS 分析；放大倍数；不确定度估算

引言

从噪声或者共态电压中提取信号成分，并进行放大的放大器叫做差动放大器[1]。差动放大器实验是大学模拟电路实验[2]最重要的内容之一，其作为电子技术的基础内容，为电子信息类的学生动手实验和更加深入的理论研究奠定基础。在工程运用方面，因其电路结构简单，很好的抑制了共模信号，也可以用来放大微弱差值信号，因而常用于测

[①] 资助项目：云南省大学生创新创业项目资助（用 SPSS 曲线估计探究模拟放大器的性能指标），楚雄师范学院培育学科项目（物理电子学）. 张有周（1995.03—），云南龙陵县人，大学本科，主要研究方向为电子技术实验.*王新春（1970.10—），云南禄丰人，教授，主要研究方向为大学物理实验.

量仪器仪表的放大电路中做前级放大,在高精度测量中,差动放大器技术是不可缺少的。例如在通讯、广播、雷达、电视、自动控制等装置中被广泛运用。所以对差分比例运放的研究具有重要的现实意义。在传统的模拟电路实验中,我们通常是在恒定频率下,采用等精度测量法,即在同一个输入电压下,测量多组数据,计算平均值,通过得出的输出电压与输入电压差直接相比,得到电压增益,这种方法的缺点在于无法展示放大电路对输入电压的适应能力。为了能进一步研究放大电路对输入电压的适应性,在线性放大区内,采用非等精度测量,通过引入 SPSS[3,4]的曲线拟合功能得到定标曲线,运用定标法[5,6]分析实验数据,可使实验结果直观有效,可显著减小因仪器或人为因素带来的误差。使用数字存储示波器将相位关系直接存储记录,可直接展示差分运放的相位关系。用置信概率为 95%的不确定度估算方法[8,9]对测量数据及实验结果进行分析与评价,使测量结果更加可靠,使得实验结果更为合理。

1 实验装置及调试

实验装置如附图 1 所示,主要由 YB1260P 功率函数信号发生器、ZYE200/C 模拟电路实验箱、YB2173B 双路数字交流毫伏表、UT2202C 数字示波器等组成。

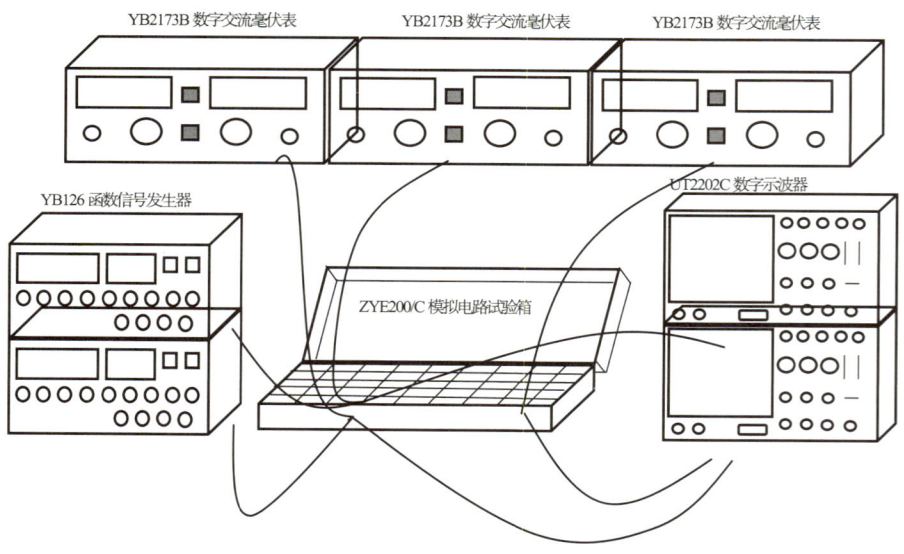

附图 1 实验装置图

实验连接如附图 2 所示。打开 ZYE200C 模拟电路实验箱直流开关,通过 YB1260P 功率函数信号发生器在 A、B 点加入频率为 1 kHz、峰-峰值为 1 V 的正弦交流信号 u_{i1}、u_{i2},通过 YB2173B 数字交流毫伏表和 UT2202C 数字示波器分别监测 A、B、C 三点的电压值以及波形。

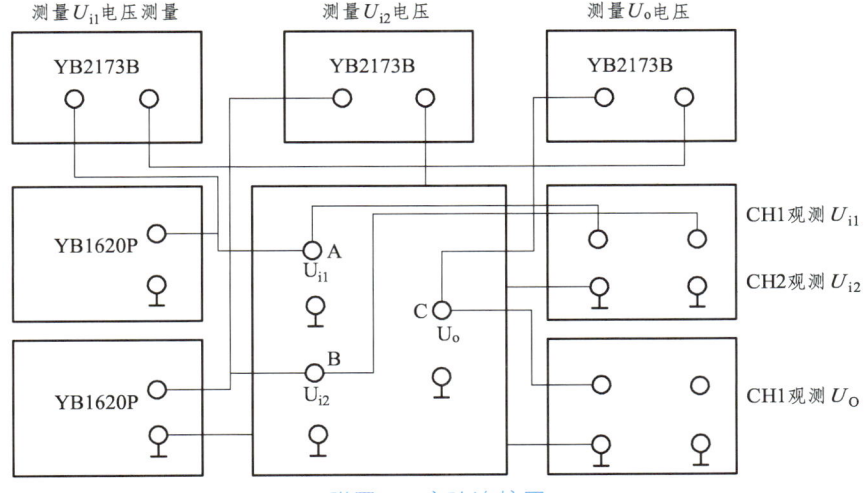

附图 2　实验连接图

2　实验原理

2.1　测量原理分析

附图 3 所示为差分比例运放[9,10]的典型电路之一。

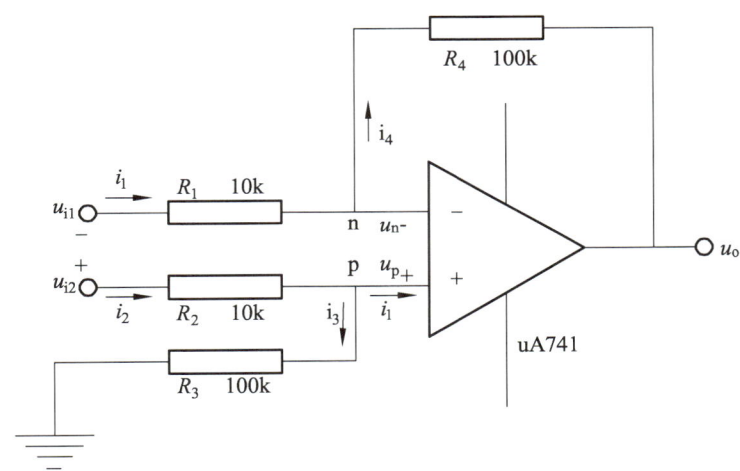

附图 3　差动放大器测量原理图

由附图 3 可知，对于理想运放而言，利用"虚短"和"虚断"，有 $(u_p - u_n) \to 0$，$i_i \to 0$，对于节点 n 和 p 有 $i_1 = i_4$ 和 $i_2 = i_3$ 成立。由 $i_1 = i_4$，$i_2 = i_3$ 可得

$$\frac{u_{i1} - u_n}{R_1} = \frac{u_{i2} - u_p}{R_4} \tag{1}$$

$$\frac{u_{i2} - u_p}{R_2} = \frac{u_p}{R_3} \tag{2}$$

由式（1）可得

$$u_n = \frac{R_4}{R_1+R_4}u_{i1} + \frac{R_1}{R_1+R_4}u_o \qquad (3)$$

又由 $u_n = u_p$，将式（3）代入式（2）得

$$u_o = \left(\frac{R_1+R_4}{R_1}\right)\left(\frac{R_3}{R_2+R_3}\right)u_{i2} - \frac{R_4}{R_1}u_{i1} \qquad (4)$$

将式（4）进行整理可得

$$u_o = \left(1+\frac{R_4}{R_1}\right)\left(\frac{R_3/R_2}{1+R_3/R_2}\right)u_{i2} - \frac{R_4}{R_1}u_{i1} \qquad (5)$$

在式（5）中，如果选取阻值满足 $R_4/R_1 = R_3/R_2$，则输出电压可简化为

$$u_o = \frac{R_4}{R_1}(u_{i2}-u_{i1}) \qquad (6)$$

令 $u_i = (u_{i2}-u_{i1})$，$A_u = \frac{R_4}{R_1}$，则输出电压 u_o 与输入增量 u_i 的关系可表示为

$$u_o = A_u u_i \qquad (7)$$

实验中，将选择信号源频率为 $f=1\text{kHz}$，在保证其在线性范围内，分别调整其不同幅度作为激励，用数字交流毫伏表测量出不同组数的 u_{i1}、u_{i2} 和 u_o。由此，可计算出实验所得的 u_{ij}、u_{oj} 值。运用 SPSS 的线性估计函数，分析运放输出端的输出电压量（u_{oj}）与两输入端电压差（u_{ij}）的线性相关性，从而较为直观的标定出差分放大电路的放大倍数，并对其不确定度做出估算。然后通过数字存储示波器观察输出电压和输入电压的相位关系。

2.2 对差动放大电路放大倍数的不确定度分析[11-13]

选定直接测量为 r，其不确定度可以分为分 A 类和 B 类进行评定。其测量列平均值的标准偏差为

$$u_{(\bar{r})} = \sqrt{\frac{\sum_{i=1}^{n}(r_i-\bar{r})^2}{n(n-1)}} \qquad (8)$$

对于 A 类来说，如果我们选择测量 7 次实验数据，那么测量结果服从 t 分布，所以，当约定概率 $p=0.95$ 时，就有置信因子 $t_p=2.45$，即

$$u_{A(\bar{r})} = 2.45 u_{(\bar{r})} \qquad (9)$$

式（9）中的 $\bar{r}$ 分别表示 $\overline{u_{i1}}$、$\overline{u_{i2}}$、$\overline{u_o}$。

对于 B 类分量，如果取极限误差为 Δ，则仪器的误差服从均匀分布，则相应分布的置信系数 $C=\sqrt{3}$。当约定概率 $p=0.95$ 时，有 $r_p=1.96$，则有

$$u_{B(r)} = 1.96 \frac{\Delta_r}{\sqrt{3}} \tag{10}$$

在式（10）中的 r 分别表示 u_{i1}、u_{i2}、u_o。

综上所述可得，对于直接实验数据测量量 r 的合成不确定度可以确定为

$$u_{(r)} = \sqrt{u_{A(\bar{r})}^2 + u_{B(r)}^2} \tag{11}$$

对于间接实验测量 $k = f(r_1, r_2, ..., r_n)$，那么 k 的标准不确定度用 $u_{c(k)}$ 表示

$$u_{c(k)} = \sqrt{\sum_{i=1}^{n} \left(\frac{\partial k}{\partial r}\right)^2 u_{(r_i)}^2} \tag{12}$$

用 $u_{r(k)}$ 表示 k 的相对不确定度，则可表示为

$$u_{r(k)} = \sqrt{\sum_{i=1}^{n} \left(\frac{\partial (\ln k)}{\partial r_i}\right)^2 u_{(r_i)}^2} \tag{13}$$

结合式（6）、（7）、（13）可得被测电路电压增益 A_u 的相对不确定度为

$$u_{r(A_u)} = \sqrt{\left(\frac{u_{(u_o)}}{u_o}\right)^2 + \left(\frac{u_{(u_i)}}{u_i}\right)^2} \tag{14}$$

3 实验数据测量结果及处理

3.1 实验数据测量及结果（附表1、附表2）

附表1 测量输出电压 u_{oj} 与输入电压 u_{i1j}、u_{i2j} 的原始数据

$\Delta_{(u_{i1j})}=0.01$ mV，$\Delta_{(u_{i2j})}=0.01$ mV，$\Delta_{(u_{oj}<300mv)}=0.1$ mV，$\Delta_{(u_{oj}>300mv)}=1$ mV							
j /次	1	2	3	4	5	6	7
u_{i1j} / mV	5.070	5.280	5.330	5.390	5.430	5.470	5.550
u_{i2j} / mV	25.120	36.740	45.000	58.000	67.600	75.400	86.500
u_{oj} / mV	212.50	320.0	424.0	545.0	656.0	726.0	834.0

附表2 SPSS 曲线估计所需的复合量与综合量的实验数据

j /次	1	2	3	4	5	6	7
u_{ij} / mV	20.050	31.460	39.670	52.610	62.170	69.930	80.950
u_{oj} / mV	213.0	320.0	424.0	545.0	656.0	726.0	834.0

3.2 用 SPSS 分析输出电压与输入电压差的定标曲线

将附表2中的实验数据导入 SPSS 软件中，把 u_i 作为自变量，u_o 作为因变量，由 SPSS 曲线估计功能所得定标曲线如附图4所示。

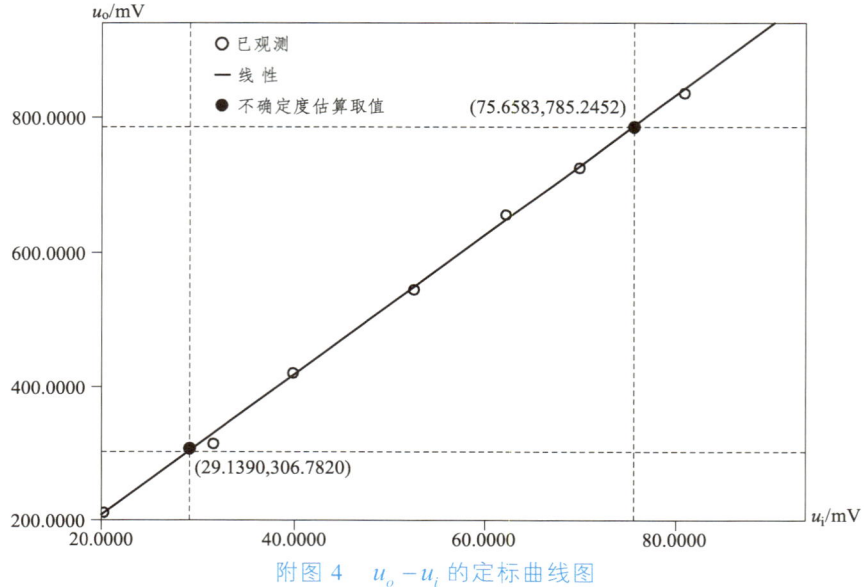

附图 4 $u_o - u_i$ 的定标曲线图

由 SPSS 曲线估计功能所得定标曲线方程为

$$u_o = 10.304 u_i + 5.842 \quad (15)$$

3.3 定标曲线所给电压放大倍数不确定度的估算

据图 4 的 $u_o - u_i$ 定标曲线，在直线上适当取样 u_{o1}、u_{i1}；u_{o2}、u_{i2} 值，合理估算 A_u 的不确定度。由式（15）可得

$$u_{(u_o)} = 10.304 u_{(u_i)} \quad (16)$$

由图 4 直线上 u_{o1}、u_{i1}；u_{o2}、u_{i2} 取样值，可得

$$A_u = \frac{u_{o2} - u_{o1}}{u_{i2} - u_{i1}} \quad (17)$$

由式（14）可得

$$u_{r_{(A_u)}} = \frac{u_{(A_u)}}{A_u} = \sqrt{\left(\frac{u_{(u_{o2}-u_{o1})}}{u_{o2}-u_{o1}}\right)^2 + \left(\frac{u_{(u_{i2}-u_{i1})}}{u_{i2}-u_{i1}}\right)^2} \quad (18)$$

由附图 4 不确定度评定取样点 u_{o1}、u_{i1}；u_{o2}、u_{i2}，结合式（16）、（17）、（18）可得附表 3 实验结果。

附表 3 差分比例运放大倍数的实验结果

$u_{(u_{o1})} = u_{(u_{o2})}$ /mV	$u_{(u_{i1})} = u_{(u_{i2})}$ /10^{-2} mV	A_u	$u_{r_{(A_u)}}$ / %
1.6	1.6	10.30 ± 0.04	0.3

4. 分析与结论

由附表 1、2、数据，应用 SPSS 曲线估计功能分析得定标方程式（15）及附图 4，并得到u_o-u_i定标曲线图。得出了输出电压量（u_o）与输入电压差（u_i）存在线性关系，实验所的式（15）及附图4曲线与理论分析式（6）、（7）具有较好一致性。

由附表3实验结果，可得差分运放大倍数的数值为10.30，对比理论计算放大倍数的数值$|A_U|=10$，二者具有较为相近，表明所拟合的u_o-u_i直线（附图4）的斜率（放大倍数）是客观的。

为较好实现实验数据线性分析的合理性，线性放大下应选择信号源频率$f=1$ kH_z左右，u_{i1}幅度应激励控制在5.0 ~ 5.6 mV，u_{i2}幅度应尽力控制在25 ~ 87 mV，差模输入可控于20 ~ 81 mV，从而保证输出可控在2.1 ~ 8.4 V。由此可使测量结果较为可靠，线性分析的实验结果更为合理。

能够得到较为理想的式（15）和附图4以及附表4实验结果。除了借助了强有力的计算机辅助（SPSS软件）分析手段外，表明所测数据（表1）的质量较高，从而使得因仪器或人为因素所致的偶然误差与系统误差已降为较小。

对照式（15）中的斜率为10.30与理论计算的放大倍数$|A_U|=10$具有较好吻合度，尤其查看实验结果的附表4中放大倍数的实验结果，由该实验方案所得放大倍数的实验值只在百分位上可疑，而以往的实验方案所得放大倍数的实验值一般为个位或十分位上可疑。说明应用SPSS的线性功能分析同相比例运算放大倍数，是可以提高测量数据及实验结果的分析精度，且数据的处理过程及结果直观有效。因此，这个实验方案是值得推广与学习的。

参考文献

[1] 彭军译. 测量电子电路设计：模拟篇[M]. 北京：科学出版社，2006.

[2] 王新春. 模拟电子技术实验指导[M]. 成都：西南交通大学出版社，2014.

[3] 宋志刚. SPSS 16.0 guide to data analysis [M]. 北京：人民邮电出版社，2008.

[4] 王新春. 用板式电位差计实验系统与SPSS标定电池的内阻[J]. 实验科学与技术. 2014（4），18-20.

[5] 沈佳旺，王新春. 定标法求钢丝杨氏模量的实验研究[J]. 技术物理学，2012，20（2）：86-90.

[6] 严箫，王新春. 用等偏法与SPSS研究灵敏电流计的特性[J]. 大学物理实验，2014，04.

[7] 刘才明. 大学物理实验中测量不确定度的评定与表示[J]. 大学物理，1997，16（8），21-23.

[8] 范巧成，匡荣. 试论测量不确定度与误差理论的关系[J]. 计量学报，2017（05），380-384.

[9] 康光华. 电子技术基础（模拟部分）[M]. 5版. 北京：高等教育出版社，2006.

[10] 王强，方开洪. 集成运算放大器的一种通解方法[J].甘肃科学学报，2015，10，6-9.

[11] 丁韵，王新春. 用弯曲法和SPSS标定铁片的杨氏模拟量[J]. 教育教学论坛，2014（08），126-127.

[12] 杨红明，王新春. 用气轨实验系统与SPSS标定重力加速度[J]. 教育教学论坛，2013，176-177.

[13] 陈琪，王新春. 用立式线胀仪与SPSS标定金属线胀系数[J]. 大学物理实验，2013（12），106-107.

数控可调直流稳压电源设计与实现

黎晓俊　自兴发

摘　要：本文基于单片机（STC89C52）设计了一种数控可调直流稳压电源，系统以单片机为核心，由数模转换器、运算放大器、液晶显示模块、稳压模块等组成单元构成。测试结果表明，该电源可实现直流输出 0～12 V 连续可调，步进为 0.1 V，最大输出电流 2 A；电路系统具有结构简单、调节方便、输出稳定性好、数字显示、方便拓展等优点。

关键词：稳压电源；单片机；数模转换器；运算放大器

0. 引言

直流稳压电源是日常生活和工业生产中应用非常广泛的电源之一，但性能不良的电源会造成用电设备的工作性能不佳、甚至烧毁用电设备。因此，为用电设备提供性能优良、工作稳定可靠的直流稳压供电电源就显得尤为重要。同时，对电源产品提出不同要求，并制定规范标准势在必行。在各种电源技术中，数控电源技术是一门实用性很强的工程技术，服务于各行各业[1]。目前，各类可调电源的设计，大多都是利用机械开关来实现电源电压的调节，此种调节方式调节精度不高，工作稳定、可靠性差。针对目前直流稳压电源存在的不足，本文拟采用单片机控制实现数控可调的直流稳压电源。

1. 系统设计

1.1　设计任务

本文拟设计一种数控可调的直流稳压电源，直流稳压电源的输出及步进调整采用单片机来实现。然后采用实际测试及软件仿真验证电源的工作性能及可靠性。

1.2　设计要求

本文设计的数控可调直流稳压电源将实现如下性能参数。

1. 最大输出电流 2 A，最大输出电压 12 V；

2. 利用按键设置输出电压值，具有增减步进调整功能，步进值 0.1 V，还有一键 5 V 输出按钮；

3. 最低输出 0 V；

4. 具有短路保护和过流保护功能；

5. 带有输出电压显示。

1.3　设计方案

目前，数控可调直流稳压电源的控制部分的设计主要有传统的计数器控制及单片机控制两种方案，其实现方法分别如下所述。

方案一：

采用传统的调整管的十进制计数器实现电源的数控，这一电源设计主要是采用十进制计数器来实现对系统的控制功能，十进制计数器不仅要在完成电压的译码将其送到数码管显示，同时还要经计数器的输出作为 EPROM 的地址输入，程序烧录在其中的，然后转换它输出，控制误差放大的电压实现控制输出。设计原理如附图 1.1 所示。

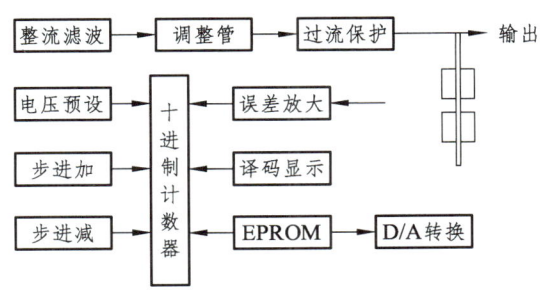

附图 1.1　数控电源系统组成框图

方案二：

电网提供的电能是交流电，而各类电子设备所需的工作电压为幅值不同的直流电压，因此就需要先将电网提供的幅值较大的交流电转换为幅值较小的交流电，再进行整流、滤波和稳压，最后得到稳定的直流电后为系统供电[2]。使用单片机作为控制芯片，控制数模转换器的输出电压大小，经过放大后，得到所需的直流电压经稳压模块稳定后最终实现输出的稳压可调。设计原理如附图 1.2 所示。

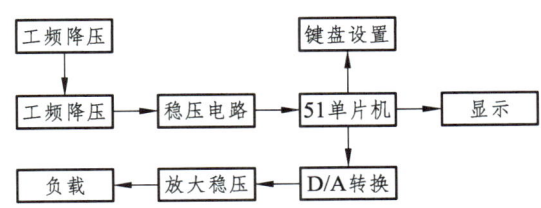

附图 1.2　单片机控制电源组成框图

方案三：

利用可调集成三端稳压器设计。由 LM317 组成电压调节电路。输出电压可根据公式 VO = 1.25（1 + R2/R1）计算。利用数字控制模拟开关 4051 芯片改变 R2 的值，实现输出电压的控制。系统设计如附图 1.3 所示。

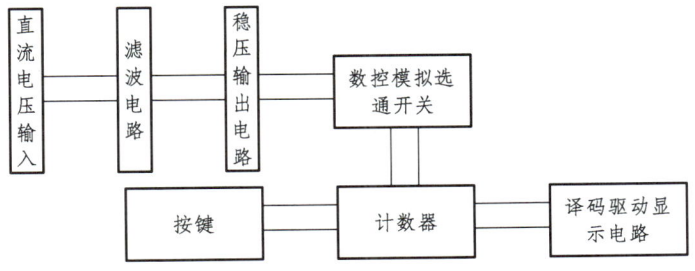

附图 1.3　LM317 可调数控电源组成框图

1.4 方案选择

1.4.1 系统数控模块

方案一实现系统的数控采用大量的中、小规模器件。由于控制数据是烧录在 EPROM 中的，这使得系统的灵活性大大降低。整个系统使用到很多的芯片，且芯片引脚比较多，这就造成在控制电路中内部接口信号比较繁琐，中间各芯片的相互关联也比较多，大大降低了系统的抗干扰能力。

在方案二中采用单片机来完成整个数控部分的功能，大大简化了电路及减少了器件的使用数量，同时单片机作为一个智能的可编程器件，控制灵活，调节方便，还可以利用软件实现保护功能，后期要扩展系统功能也比较方便。

方案三中数字控制模拟开关 CD4501 的开关的选通是通过使能端与选通状态代码控制，选通状态代码通过加减计数器 74LS193 的输出状态控制，从而实现数控功能，此方案中由 LM317 输出电压计算公式可知 R2/R1 的比值不能随意设置，只能是在 0~28.6 之间调节，不利于后期系统的扩展。LM317 稳压模块有一个最小稳定工作电流，在设计制作过程中不可忽略，这可能会导致稳压电源的输出在空载和有载时会有较大差别，造成系统性能低下。

综上所述，三种方案均有各自优缺点，本文拟采用方案二实现直流稳压电源的数控部分。

1.4.2 系统输出模块

系统输出模块可选用 LED、数码管、单片机三种输出方式，其电路的优缺点如下所述。

方案一中是通过改变基准电压控制输出，整流滤波后的电压波动较大，而在方案二中运算放大器具有很大的电压抑制比，大大减少输出端的电压波动。在方案三中由于 CD4051 芯片有内阻存在，导致在调节可变电阻时灵敏度不高，测得的模拟电压误差较大，达不到预期效果，且电压输出可调范围有限，元件数量较多，不利于系统稳定，同时无法实现最低电压输出 0 V。

系统输出电压的显示如果是利用数码管显示就需要驱动电路驱动，这就要用到很多三极管和电阻，无形中增加了硬件电路的复杂性，不利于电路的稳定。液晶显示器较数码管显示硬件电路比较简单，不需要单独的驱动电路且显示比较稳定，所以输出电压显示部分采用液晶显示器。液晶显示器与单片机连接控制尤为简便，显示内容直观，可大大提高识别度。

综上所述，权衡三种方案各自优缺点，本文输出模块选用方案二进行设计制作。

2. 系统硬件电路设计

2.1 系统综述

本电源主要是控制数模转换器的输出电压经运算放大后，再通过由运算放大器与 IRF9Z24N 构成的负反馈系统，恒定输出电压。最后通过电位器分压后将输出信号反馈到运算放大器 LM358 上，提高输出精度。此设计通过与单片机相连接的独立键盘电路，读入控制数据进行判断，再控制电源输出，并液晶显示器显示。

2.2 电源设计模块

2.2.1 稳压电路

直流稳压电源可将交流电转换为直流电,如附图 1.4 所示。

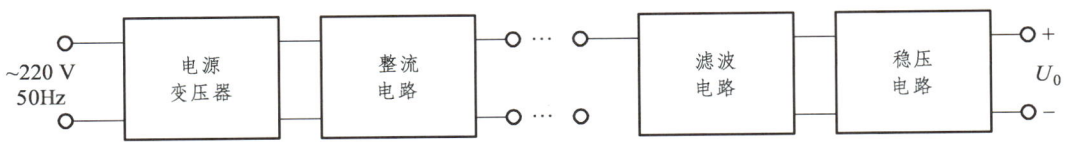

附图 1.4　直流稳压电源组成框图

2.2.2 系统供电模块

稳压电路原理如附图 1.5 所示。

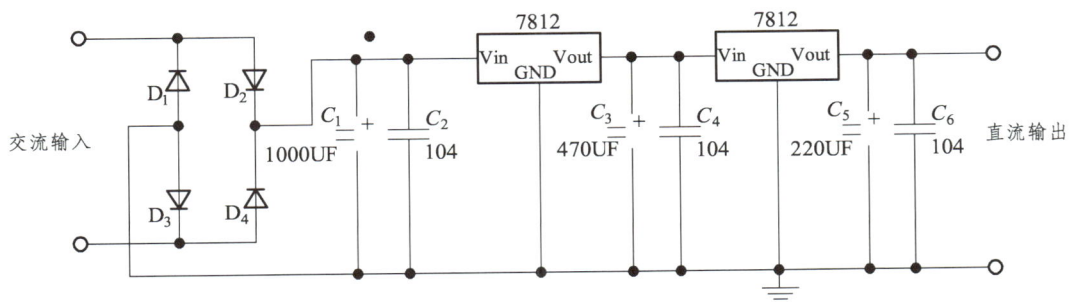

附图 1.5　直流稳压电源电路原理图

图中交流输入端可输入幅值较低的交流电,整个系统由此输入电能。D_1、D_2、D_3、D_4 为 4 个二极管组成整流模块也可直接采用整流桥。C_1 至 C_6 为滤波电容。7805 和 7812 是三端稳压器。由于单片机等模块的工作电压为 5 V,因此需要采用 7805 保证 5 V 输出,但是 7805 的耐压值为 15 V,且要保证系统输出功率足够大,所以前级要加 7812 作为保护防止击穿。

2.3 数控模块

2.3.1 主控芯片

控制芯片可采用 AT89C51 或者 STC89C52。由于 AT89C51 在实际应用中存在许多问题。AT89C51 需要下载器才能下载程序,而且对工作电压要求严苛,实际应用时会造成一定困难。

STC89C52 对工作环境要求不高,在供电电压低于 5 V 甚至是 3 V 到 4 V 之间也还可以正常使用。所以控制芯片采用 STC89C52 比较合适。

2.3.2 单片机

1. 单片机最小系统

单片机最小系统又称为最小应用系统,是指用最少的元件组成单片机可以正常工作的简单系统,对 51 单片机来说,最小系统一般由单片机芯片、晶振电路和复位电路组成[3],最小系统原理如附图 1.6 所示。

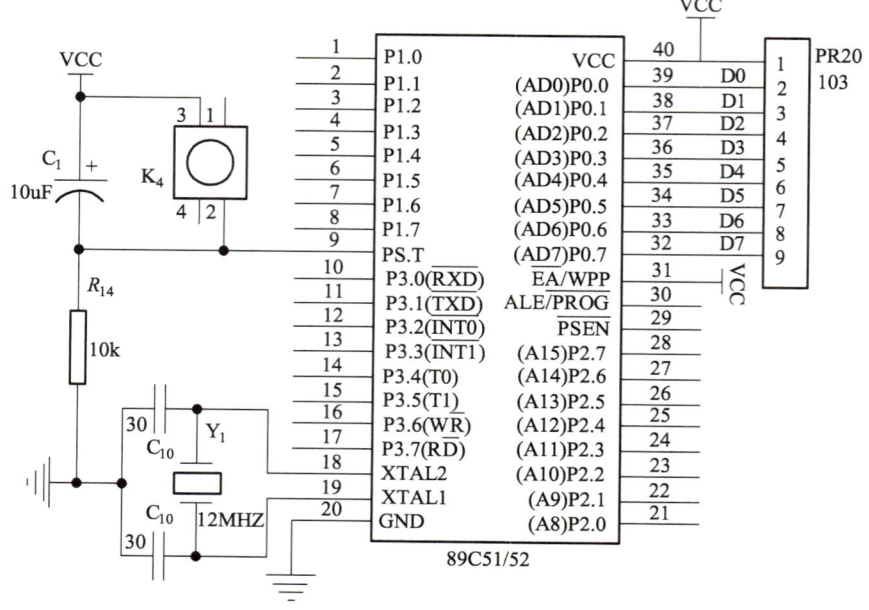

附图 1.6　单片机最小系统电路原理图

2. 输出电压显示

液晶显示器可直观显示字母和数字，且控制简单，成本低。所以输出显示采用液晶显示器。

2.3.3　数模转换模块

TLC5615 是一种有 10 位串行接口，单 5 V 电源 DAC 的数模转换器，输出为电压型，最大输出电压是基准电压值的两倍[4]。电压计算公式如下。

$$V_{out} = V_{refin} \times (N/1024) \times 2 \tag{1}$$

式中，V_{out} 为输出电压，V_{refin} 为参考电压输入端，N 为单片机向 TLC5615 写入的数据，由于 TLC5615 是一片 10 位数模转换器，所以输入的最大数据为 $2^{10} = 1024$，最后乘以 2 是因为 TLC5615 内部有 2 倍的增益放大器。原理图如附图 1.7 所示。

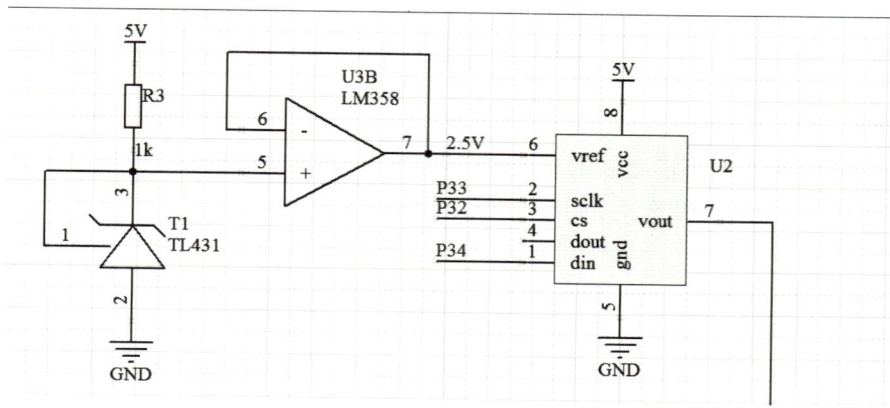

附图 1.7　数模转换电路原理图

在为 TLC5615 输入参考电压时，选用 TL431 芯片。TL431 的输出电压设置范围为 2.5～36 V。

集成运放电压跟随器：

集成运放的开环增益较高性能接近理想状态，并且没有外围元件，不需要调整，这是晶体管电压跟随器（射极跟随器）无法比拟的。所以集成运放电压跟随器的应用比较广泛。

在附图 1.8 所示的同相放大电路原理图中，令 $R_1=\infty$，$R_2=0$，由于输出电压 V_O 就是反馈电压，利用虚短的概念[5]，得到以下公式。

$$V_o = V_n \approx V_i \qquad (2)$$

$$A_v = \frac{V_o}{V_i} \approx 1 \qquad (3)$$

由以上公式可知，输出电压 V_O 与输入电压 V_i 大小相等，相位相同，因此，该电路称为电压跟随器。虽然电压跟随器的电压增益等于 1，仿照分析同向放大电路的方法，可知它的输入电阻 $R_i \to \infty$，$R_o \to 0$，因此它在电路中常作为阻抗变换器或缓冲器。

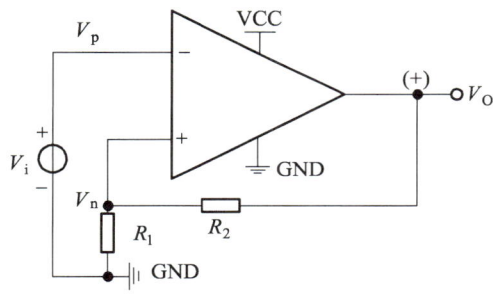

附图 1.8　同相放大电路原理图

2.3.4　MOS 管放大模块

将上述 TLC5615 输出的可调电压送到运放 LM358 的反相端，通过 MOS 管 IRF9Z24N 放大，同时在 IRF9Z24N 的输出端用 RW1（10k）电位器分压，取一定比例的输出电压反馈到比较器正相端，构成一个反馈系统，此时 MOS 管输出的 PWM 波的占空比将根据负载和输入电压而变化以保证输出电压的稳定[6]，如附图 1.9 所示。

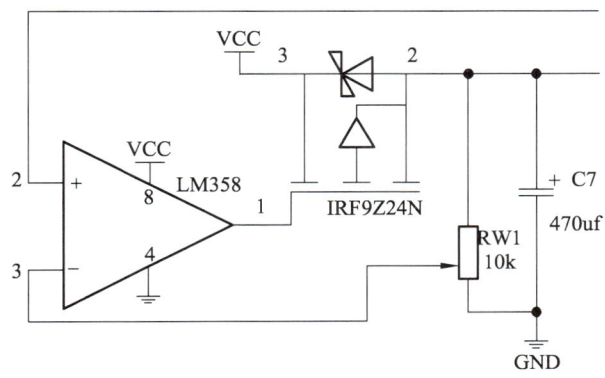

附图 1.9　MOS 放大电路原理图

147

2.3.5 保护电路模块

电路的保护部分有利用软件实现过流保护和短路保护功能。通过 ADC0832 模数转换芯片采集电压信号,进行判断比较,控制系统输出的通断。原理如附图 1.10 所示。

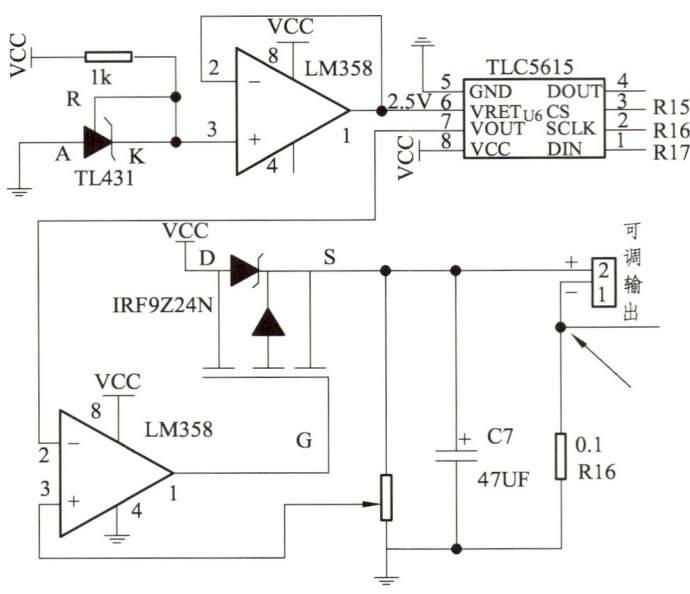

附图 1.10 输出保护电路原理图

附图 1.11 中浅色箭头所指节点是一个电压信号采集点,此节点会有一个电压值,但是不会超过 1 V,模数转换器 ADC0832 会采集这个节点的电压值进行判断。当可调输出处负载短路时,电压采集点会采集一个比较大的电压 ADC0832 采集处理后送到单片机进行比较,从而切断系统输出,起到保护作用。过流保护功能的实现与此类似,当输出电流达到 2 A 时,电压采集点采集到的电压为($2 A \times 0.1\Omega$)= 0.2 V,比对判断后控制切断输出。

3. 系统电路制作及仿真分析

3.1 系统制作调试

根据附图 1.11 系统原理图购买相关元件,并检查元件是否损坏。认真核对原理图,检查完毕后可以开始按原理图位置合理安排放置各元件,合理规划元件焊接顺序,注意元件方向、正负极(例如:电解电容。),焊接过程中注意控制好电烙铁温度,控制好各元件的焊接时间,防止因焊接时间过长导致元件损坏。在购置元件时,对于易损耗的元件应有备份。焊接实物如附图 1.12 所示。

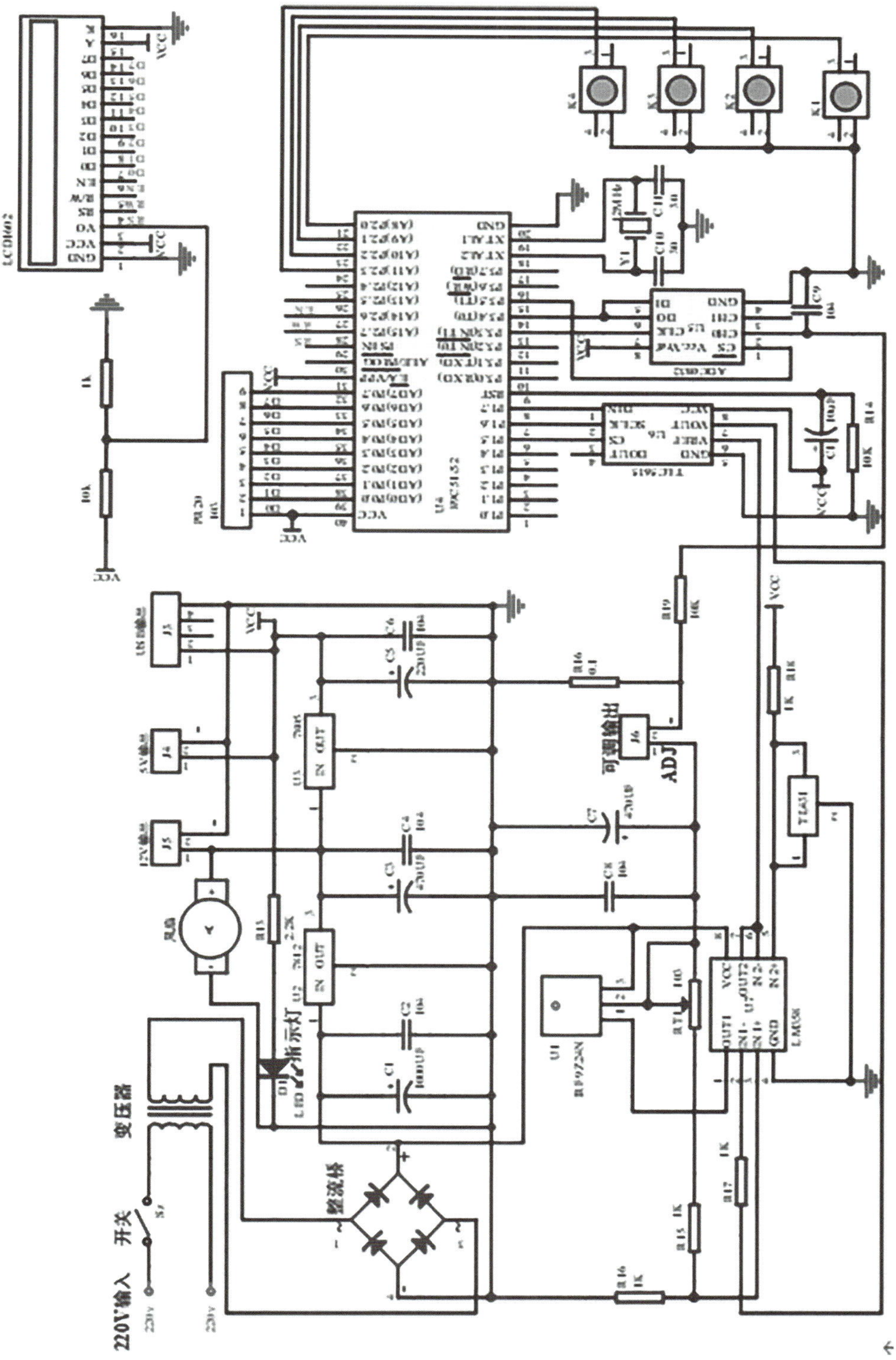

附图1.11 系统电路原理图

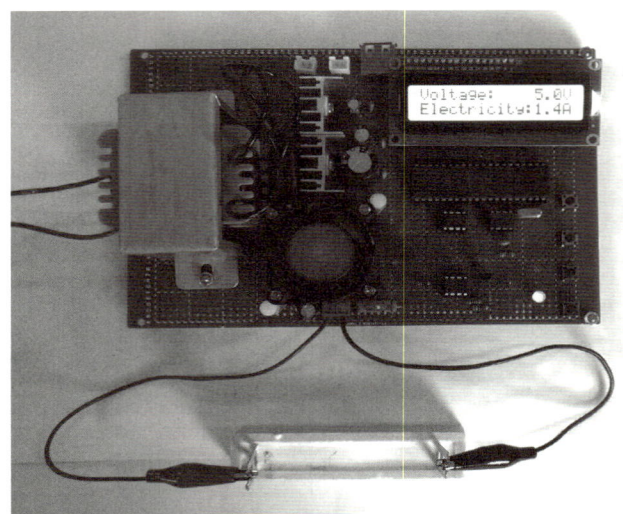

附图 1.12　系统电路实物图

3.2　系统仿真

利用 proteus 软件画出设计的系统原理图，并将在 keil 软件下利用 C 语言编写好并编译的程序文件（后缀为.hex）加载到单片机中，点击开始仿真按钮进行仿真并记录好数据。

仿真运行的仿真图如附图 1.13 所示。

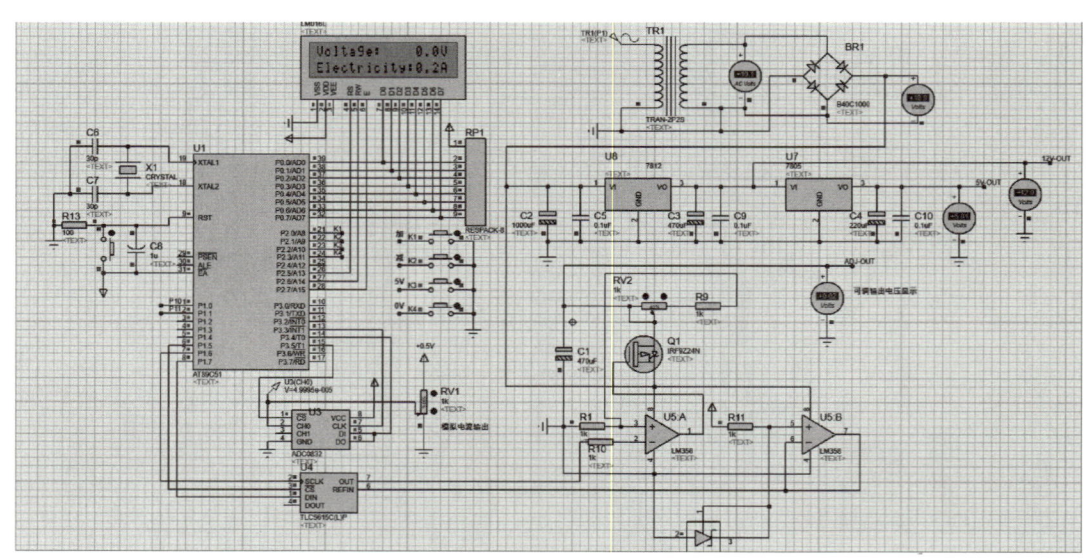

附图 1.13　系统电路仿真运行图

仿真过程中可通过调节 1K 电位器 RV2 来调节输出电压精度，点击按钮 K1 和 K2 控制输出电压的增减，也可点击 K3 使系统输出 5 V、点击 K4 使输出为 0 V。调节 1K 电位器 RV1 的大小可以模拟输出电流，当电流大于 2 A 时，过流保护启动，系统停止输出，直到系统重启或复位。

3.3 数据处理及分析

1. 仿真结果及数据分析

利用 proteus 对系统进行仿真，仿真结果及数据分析见附表 1.1。

附表 1.1　系统 proteus 仿真输出

设定电压值（V）	实际输出值（V）	误差（V）
0.0	0.02	0.02
0.1	0.09	0.01
0.2	0.20	0.00
0.3	0.30	0.00
0.4	0.40	0.00
0.5	0.50	0.00
1.0	1.00	0.00
3.0	3.00	0.00
5.0	5.01	0.01
7.0	7.01	0.01
9.0	9.02	0.02
11.0	11.0	0.00

2. 系统实测结果及数据分析

为了描述系统实际工作性能，本文分别在系统空载和有载条件下，对系统输出参数进行了实际测试。

在系统空载条件下，利用数字万用表对系统输出数据进行实际测量，其结果及数据分析见附表 1.2。

附表 1.2　系统实测输出数据（空载：$R_L = \infty$）

电压设定值（V）	实际输出值（V）	误差（V）
0.0	0.00	0.00
0.1	0.09	0.01
0.2	0.19	0.01
0.3	0.29	0.01
0.4	0.39	0.01
0.5	0.49	0.01
1.0	0.99	0.01
3.0	3.00	0.00
5.0	5.00	0.00
7.0	7.01	0.01
9.0	9.01	0.01
11.0	11.02	0.02
12.0	12.02	0.02

在系统负载 $R_L = 3\ \Omega$（50 W）条件下，利用数字万用表对系统输出数据进行实际测量，其结果及数据分析见附表 1.3。

附表 1.3　系统实测输出数据（$R_L = 3\ \Omega$）

组别	显示电压值/V	电压测量值/V	显示电流值/A	电流测量值/A
1	1.0	0.96	0.2	0.27
2	2.0	1.93	0.4	0.56
3	3.0	2.90	0.8	0.85
4	4.0	3.88	1.0	1.16
5	5.0	4.86	1.2	1.46
6	6.0	5.84	1.6	1.73
7	7.0	6.74	1.6	1.93
8	8.0	7.3	1.8	2.16

通过对比仿真模型的数据和实际系统输出的数据，可以看出两组数据都存在一定的误差，但是都比较小。可能由于温度上升导致的采样电阻的阻值变化造成，也可能受系统精度的影响。

实物数据测量在对系统初始化后电压设定值为 0 V 时，用万用表测量时电压值也为 0 V，并无波动。在利用系统按键设置不同电压值时，系统输出电压值与预设值基本相同，并且在预设值 5 V 上下时，预设值与测量值完全相同，经过分析本设计的系统输出电压值与电压预设值基本一致，所测数据都正确，所以这次所设计的电源是成功的。

在带负载情况下当电压增加到 8 V 以后，电流以超过最大输出值，触发过载保护，系统停止输出，电压不能够再调节。需要重启复位系统后才能重新又输出。

4．结论

通过对系统电路的工作状态仿真及实际测试，该系统可实现直流输出 0～12 V 连续可调，步进为 0.1 V，最大输出电流 2 A，系统性能及输出参数达到设计目标；同时该电路系统还具有结构简单、输出可控、调节方便、稳定性好、数字显示、方便拓展等优点。

通过本次毕业设计，不仅使我深入理解四年所学的专业理论，进一步巩固了所学知识的理论体系、增强了实际动手能力，为今后学习和工作打下了坚实的理论基础，培养了实践动手能力及创新方法和创新技能。

参考文献

[1] 鄂加强. 智能故障诊断及其应用 [M]. 长沙：湖南大学出版社，2006.
[2] 刘明鑫，房梦旭. 基于 C8051F040 数控恒流源的设计与实现[J]. 电子技术，2015：24（5）：18-22.
[3] 徐海龙，候少锋，任永强. 基于 TL431 的直流稳压电源设计[J].仪器仪表用户 2003：15（6）：23-25.
[4] 杨美荣. 浅析 AT89S51 单片机最小系统的设计与制作[D]. 职业，2011：14-16.
[5] 曾凡文. TLC5615 串行数模转换器在开关电源中的应用[J]. 电源技术应用，2001：22（8）：26-30.
[6] 康华光. 电子技术基础·模拟部分[M]. 北京：高等教育出版社，2006.

[7] 孙肇优，肖洁，罗嗣杰.一种基于89C51的数控稳压电源设计[J].南昌航空大学，2018：26（11）：39-42.

[8] 刘楚湘，杜勇，尤双枫.基于单片机的数控直流稳压电源设计［J］.新疆师范大学学报（自然科学版），2007：24（9）：14-20.

[9] 阎石.数字电子技术[M].北京：高等教育出版社，2006.

[10] 周志敏，周纪海，纪爱华.先行集成稳压电源使用电路[M].北京：中国电力出版社，2006.

[11] 宋建峰.单片机是什么[D].电子制作，2012：12-15.

[12] 陈志勇，钱卫飞.新型数控直流电流源的设计与开发[D].电测与仪表，2009：36-40.

参考文献

[1] 常辉. 电气控制技能实训指导[M]. 合肥：安徽大学出版社，2021.

[2] 吴兰娟，黄清锋，金晓东. 工厂供配电系统运行与维护[M]. 西安：西安电子科技大学出版社，2020.

[3] 姜聿涵. 变压器检修技能培训教材[M]. 北京：中国电力出版社，2020.

[4] 杨进德. 工程训练[M]. 成都：西南交通大学出版社，2019.

[5] 徐晓玲，张建辉. 电机与拖动学习指导与实验教程[M]. 成都：西南交通大学出版社，2019.

[6] 赵华. 电工电路实验[M]. 上海：上海交通大学出版社，2019.

[7] 殷埝生，陈兴荣，陈晨，等. 电工电子实训教程[M]. 南京：东南大学出版社，2017.

[8] 龙志文. 电力电子技术[M]. 北京：机械工业出版社，2005.

[9] 冯晓，刘仲怒. 电机与电器控制[M]. 北京：机械工业出版社，2010.

[10] 张桂金. 电机及拖动基础实验：实训指导书[M]. 西安：西安电子科技大学出版社，2008.

[11] 苏家健，顾阳. 电气控制与 PLC 实训[M]. 西安：西安电子科技大学出版社，2010.

[12] 汪明添. 电气控制[M]. 成都：西南交通大学出版社，2009.